无公害草莓致富生产技术问答

杨怀国 主编

中国农业出版社

图书在版编目（CIP）数据

无公害草莓致富生产技术问答/杨怀国主编．—北京：中国农业出版社，2014.10（2017.11 重印）
（种菜致富技术问答）
ISBN 978-7-109-19637-7

Ⅰ.①无… Ⅱ.①杨… Ⅲ.①草莓－果树园艺－无污染技术－问题解答 Ⅳ.①S668.4-44

中国版本图书馆 CIP 数据核字（2014）第 228318 号

中国农业出版社出版
（北京市朝阳区麦子店街 18 号楼）
（邮政编码 100125）
责任编辑 孟令洋

三河市君旺印务有限公司印刷　新华书店北京发行所发行
2015 年 1 月第 1 版　2017 年 11 月河北第 2 次印刷

开本：880mm×1230mm 1/32　印张：6　插页：2
字数：180 千字
定价：15.00 元

《种菜致富技术问答》

丛书编委会

#《无公害草莓致富生产技术问答》

主　　编　杨怀国

编写人员　杨怀国　鲍清玲　王素贤
　　　　　王淑华　杜丽娜

序

蔬菜是人们日常生活中不可替代的副食品，不论男女老幼，不分民族信仰，不管贫富贵贱，一日三餐少不了。蔬菜是重要的营养保健食品，人体健康所需生理活性物质（维生素、胡萝卜素、类胡萝卜素、酶、多糖等）、矿物质、食用纤维等，主要来源于蔬菜，蔬菜产业的可持续发展和蔬菜产品的安全有效供给是国民身体健康的基础性保障。蔬菜是极为特殊的商品，不仅要求商品数量充足、花色品种丰富（多样），而且多以鲜活的产品供应市场，新鲜度要求高，市场供求关系敏感性强、反应快，社会关注度大。发展蔬菜生产，保障蔬菜有效供给，既是促进农业增效、农民增收的重要经济问题，更是关系城乡社会安定和谐的重大政治问题。

20 世纪 80 年代中期以来，随着农村经济体制改革和种植业结构调整的不断推进，社会主义市场经济体制的逐步确立和不断完善，使蔬菜产业得到了持续快速发展。截至 2010 年，全国蔬菜（含西瓜、甜瓜、草莓，下同）播种面积30 081.7万亩，产量66 915.7万吨，分别比 1980 年增长 5.3 倍和 7.3 倍。其中，各类设施蔬菜面积达5 020万亩，

注：亩为非法定计量单位，15 亩=1 公顷。

约比1980年增长468倍多。其中塑料大中棚1 953.2万亩，塑料小拱棚1 918.2万亩，节能日光温室926.5万亩，普通日光温室173.5万亩，加温温室29万亩，连栋温室19.6万亩。另据FAO公布，同年中国蔬菜收获面积2 408万公顷，总产量45 773万吨，占世界的44.5%和50%，是世界上最大的蔬菜生产国和消费国。

随着蔬菜生产特别是设施蔬菜生产的持续快速发展，我国于20世纪80年代末实现了早春和晚秋蔬菜供应的基本好转，90年代中期基本解决了冬春和夏秋两个淡季蔬菜的生产供应的历史性难题。据匡算，2010年全国设施蔬菜产量已达2.47亿吨，人均占有量已达到185.7千克，周年供应的均衡度大为提高，淡季蔬菜的供应状况根本好转，实现了从“有什么吃什么到想吃什么有什么”的历史性转变。

“九五”期间，我国彻底告别了蔬菜短缺时代，人民生活总体达到了小康水平，蔬菜质量安全成为广大居民和社会舆论关注的焦点。为此，农业部于2001年开始实施“无公害食品行动计划”，蔬菜质量安全工作得到全面加强，质量安全水平明显提高。农业部多年例行抽检结果显示，按照国家标准判定，目前我国的蔬菜农药残留合格率都在95%以上，与2001年以前相比提高近30个百分点。但是，应该清醒地看到，现有的蔬菜质量安全成果是以强大的行政监管措施为保证的，无论哪个地方，只要行政监管稍有松懈，蔬菜农残超标率就会反弹，甚至发生质量安全事故。为了稳定提高蔬菜的质量安全水平，必须在全面加强对菜农的质量安全

法规和职业道德教育的同时，大力普及无公害蔬菜生产技术。辽宁农业职业技术学院的吴国兴先生，从普及无公害蔬菜周年生产技术需要出发，从菜农的实际需要出发，从生产关键技术和菜农朋友想问的问题出发，主编了《种菜致富技术问答》丛书，全套丛书的编著者都是理论造诣深、实践经验丰富的专家和科技工作者，针对无公害蔬菜生产中常见问题和新时期的菜农特点，选择市场需求量大、经济效益高的蔬菜种类，采取问答式的表述方式，全面介绍周年无公害生产的新方法、新模式、新技术，内容系统完整，重点突出；理论贴近生产，技术科学实用；技术集成创新，措施操作性强；见解独到，深入浅出；表述简明扼要，语言通俗易懂，注重可接受性，菜农看了能懂、照着能做，既是菜农不可缺少的无公害蔬菜生产指南，也是基层农技人员指导无公害蔬菜生产的重要参考书。

值此丛书即将出版发行之际，谨作此序表示祝贺。

全国农业技术推广服务中心首席专家 张真和

2014.5.30

前言

随着社会的进步和人民生活水平的提高，人们更加追求科学合理的膳食结构，那些以破坏环境、有害健康为代价的农产品生产将被永久地画上句号，有机、绿色食品将是百姓餐桌上的主角。2002 年农业部和国家质量监督检验检疫总局颁布了《无公害农产品管理办法》，对无公害农产品产地认定、产品认证及无公害农产品标志管理都做出明确规定。10 年来，通过各级地方政府积极努力，使无公害农产品的生产在我国形成了政府推动、市场牵动、生产者主动的格局，发展势头较为良好。但“舌尖上的中国”还存在诸多问题，特别是近几年屡次出现食品安全问题，个别场区、农户为追求一己私利，忽视产品内在的质量。因此，迫切需要普及绿色食品知识。只有广大农民和农事企业的生产者真正懂得无公害农产品生产环节和技术要领，才能有利于提高农产品质量，满足市场多样化的消费需求；有利于打破国际贸易技术堡垒，扩大我国农产品出口数量；有利于提高农产品生产的组织化、标准化、品牌化，增加农民收入。

本书内容力求反映最新的技术标准和科技成果，严格遵守无公害农产品的生产技术规程，力求全面、扼要。对草莓的生物学特性、栽培技术管理、无公害生产知识等做了详尽的介绍。特别是对技术要点做了重要提示，以提高读者的阅读效率。

本书内容侧重实用技术，兼顾基础理论。考虑到我国草莓栽培地区较广，在栽培条件、栽培方式、管理要点上南方和北方皆有较大差异，读者可根据实际情况因地制宜地运用。

本书在编写的过程中，参阅了相关专家学者的有关图书和文献，在此表示感谢。由于编者水平有限，书中难免有疏漏和不妥之处，敬请批评指正。

编　者

2014 年 7 月

目录

序

前言

一、草莓的生物学基础

1. 草莓的栽培历史，我国生产发展情况及营养价值如何?

世界上栽培草莓最早的国家是法国，在14世纪就有栽培草莓的历史记载，后来西方各国相继都有了草莓栽培。15～17世纪欧洲一些国家栽培的主要是短蔓莓、麝香莓等野生草莓，到了1750年法国育成了目前仍然栽培的种类——凤梨草莓。在亚洲日本栽培草莓较早，目前日本培育的新品种也较多。我国是1915年开始栽培草莓的，目前我国草莓产量已居世界首位。在栽培方式上，欧、美地区以露地栽培为主，日本、韩国在20世纪60年代以前也以露地栽培为主，60年代以后，逐渐有了保护地栽培，到了70年代以后则以保护地栽培为主。现今，日本的草莓生产80％是保护地促成栽培，8％为半促成栽培，12％为露地栽培。近年来，法国、意大利、西班牙等国家也陆续不断地增加草莓保护地栽培面积，以保证本国市场对鲜草莓的需求。

我国自20世纪初引进草莓以来，已有百年栽培历史。最初由于优良品种少，栽培技术落后，单产很低，所以，只有部分地区有少量栽培。到了20世纪80年代，我国草莓发展迅猛，栽培面积和产量的增长速度都列在各种水果的首位。根据全国草莓研究会（现中国园艺学会草莓分会）的统计：1980 年全国草莓总面积 666 公顷，总产 300 吨左右；1985 年全国草莓总面积3 300公顷，总产 2.5 万吨。1995 年第三次草莓研究会上统计，全国草莓总面积约 3.67 万公顷，总产量 37.5 万吨，居世界第二位；1998 年全国草莓面积 5.83 万公顷，总产量 70 万吨左右；2003 年全国草莓总面积 7.6 万公顷，总产量 134 万吨左右，总面积、总产量已跃居世界第一位，产量与面积都翻了几十倍。现今我国草莓生产已形成规模，涌现出了许多草莓村、草莓县和草莓市。如辽宁的丹东市、山东的烟台市、河北的保定市等，辽宁丹东市已成为我国最大的草莓生产基地。在栽培形式和品种引进、繁育方面也有了长足的发展，由以露地栽培为主逐步发展到以保护地栽培为主；在品种繁育上，近些年我国草莓工作者培育和引进了许多优良的草莓品种，为草莓产量和品质的提高奠定了坚实的基础。

草莓果实芳香多汁，酸甜适口，营养丰富，具有人体所需要的多种蛋白质、无机盐、维生素、氨基酸等营养物质。草莓果属于浆果，水分含量约占鲜果重的 90%，每 100 克鲜果中含碳水化合物 5.7 克、蛋白质 1.0 克、脂肪 0.6 克、粗纤维 1.4 克、磷 41.0 毫克、铁 1.1 毫克、钙 32.0 毫克、维生素 C 50～120 毫克、维生素 B_1 0.02 毫克、维生素 A 0.01 毫克、尼克酸 0.3 毫克、无机盐 0.6 克。浆果中的糖主要是葡萄糖和果糖，占鲜果重的 6%～12%；有机酸大部分为柠檬酸，少量为苹果酸，占鲜果重 1%～1.5%；浆果果胶物质含量占 0.3%～0.5%，可溶性果胶和不溶性果胶各占一半；氨基酸主要是天门冬酰胺、丙氨酸、谷氨酸、天门冬氨酸。草莓果实除了具有较高的营养价值外，还有一定的药用价值。据测定，草莓果实中含有一种叫“草莓胺”的物质，该物质对白血病、障碍性贫血、心脑血管疾病有较好疗效。另据《本草纲目》记载，草莓具有消炎、止痛、清热、通经、驱毒之功效。现代医学证明，草莓浆果还具有抗衰老，调节肠胃功能，抗癌等作用。所以，它是一种天然美容健身、延年益寿的保健佳品。

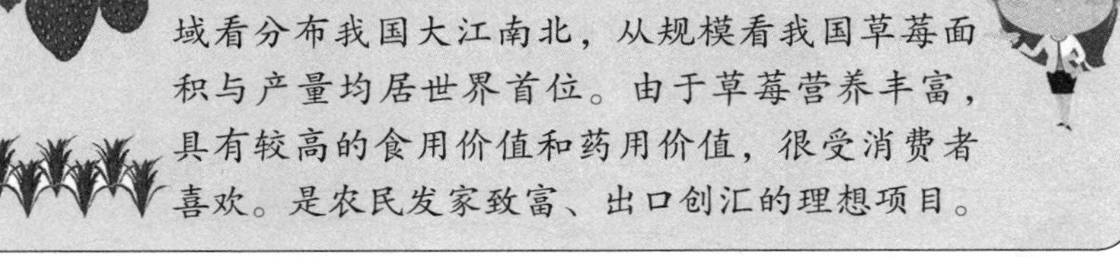

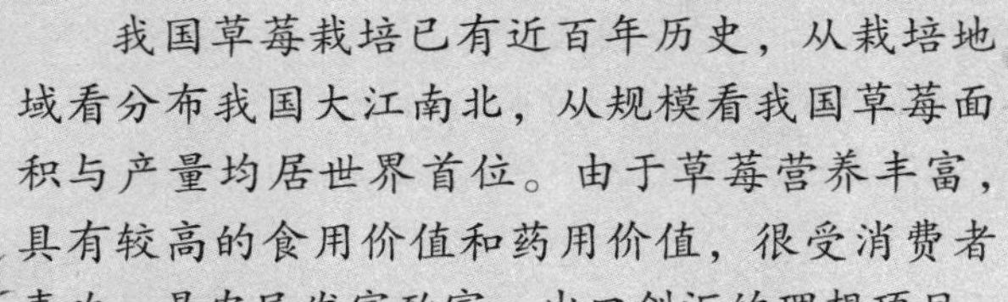

提　示　板

我国草莓栽培已有近百年历史，从栽培地域看分布我国大江南北，从规模看我国草莓面积与产量均居世界首位。由于草莓营养丰富，具有较高的食用价值和药用价值，很受消费者喜欢。是农民发家致富、出口创汇的理想项目。

2. 草莓由哪几部分器官组成?

草莓植物学分类为蔷薇科、草莓属多年生宿根性草本植物。草莓植株矮小，一般株高为20～30厘米，不超过35厘米，呈半匍匐和丛状生长。一个完整的植株由根、茎、叶、花、果、种子六部分组成(图1)。定植后当年即可开花结实，可连续结果2～3年，以后随着植株的衰老，草莓产量、品质不断下降，需要进行更新淘汰。

图1　草莓植株各部分组成

提 示 板

由于草莓株型小，占用立体空间不大，生产上可以采用与高秆作物套种或间种，提高土地和光能利用率。

3. 草莓根系有何特征特性?

草莓根系由着生在新茎和根状茎上的不定根组成，没有直根，也无主、侧根之分，属于须根系。由初生根、侧根和根毛组成。初生根由短缩茎基部发生，直径1～1.5毫米，一株草莓有初生根30～50条，多时可达100条。初生根上又发生侧根，侧根上密生根毛，与土壤密切接触，是草莓吸收养分和水分的主要部位。新发出的初生根呈乳白色，以后逐渐变为浅黄色、黄褐色，最后老化成黑色。初生根的寿命一般在1年左右，当生长到一定粗度时，不再加粗生长，逐渐变褐发黑衰老枯死，然后在根状茎上部发新根，取代原来根系继续生长，吸收水分和养分。随着草莓植株年龄的增加，根状茎和新茎逐年加长，部位不断抬升，产生新根的部位也不断升高，有的甚至露出地面，造成新发的根系发育不良，甚至死亡，使吸收营养和水分的部位减少，植株的长势和产量也随之下降。因此，生产上经常在果实采收后淘汰老株，一般露地栽培2～3年更新一次；保护地栽培每年都要更新一次，以提高单位面积产量，使经济效益最大化。

草莓根系主要分布在0～20厘米深的土层中，少数根系可深达40厘米以下。据观察，在0～20厘米土层内输导根和吸收根占同类根总量的70%以上。所以，草莓在土壤施肥时应浅施，灌水时要少灌、勤灌。

草莓根系一年有 2～3 次生长高峰。早春当 5 厘米深的地温达 5℃左右，或 10 厘米深地温稳定在 1～2℃时，根系开始生长，此时主要是前 1 年秋季发生的根进行延长生长，以后随气温的不断升高，根状茎和新茎逐渐发生新根。当 10 厘米深地温稳定在 13～15℃时，地上部花序初显期，根系生长达到第一次生长高峰。随着开花和幼果的增大，地上部生长加强，消耗营养多，根系生长逐渐减缓，进入低潮。果实采收后，匍匐茎大量发生期，根系进入了第二次生长高峰，这次高峰以新茎基部发生新根为主。但南方地区，由于此时地温较高，抑制了根系生长，此次高峰不明显。9 月中下旬到越冬前，随着叶片养分回流到根系的增多，根系生长形成了第 3 次生长高峰。

草莓根系的穿透能力较弱，根系先端细胞遇到坚硬的土壤时，伸长生长放慢或停止，所以，为了扩大根系生长范围，定植前要充分翻耕、耙细土壤。

提　示　板

草莓根系分布浅，主要分布在 0～20 厘米的土层中。因此施肥要浅施，灌水要少而勤。根系一年有 2～3 次生长高峰，要在生长高峰来临前施肥灌水，以提高水肥利用率。根系穿透力弱，定植前要深翻。

4. 草莓茎有何特征特性?

草莓茎因形态和作用不同，有新茎、根状茎和匍匐茎 3 种。见图 2。

（1）新茎　草莓当年抽生的短缩茎，称新茎。新茎呈弓背形，生长速度极慢，每年伸长仅 0.5～2

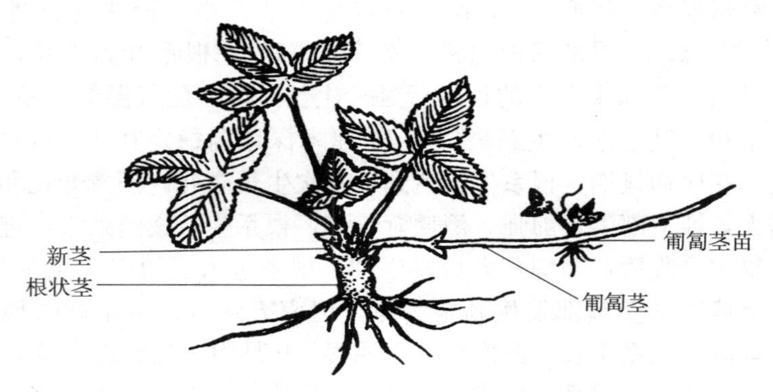

图 2　草莓茎的种类

厘米，但加粗生长较快，新茎具有节间密集短缩的特点。新茎上密生具有长柄的叶片，叶腋间着生腋芽，腋芽具有早熟性，当年形成即可萌发，一部分萌发形成新茎分枝，一部分萌发形成匍匐茎。有的当年不萌发，成为潜伏芽，当地上部受伤时，潜伏芽受到刺激可继续萌发，形成新的新茎分枝或匍匐茎。新茎的下部产生不定根，新茎的顶芽到秋季形成混合花芽，花序均发生在弓背方向，为了栽培管理方便，定植时弓背方向要求一致。

（2）根状茎　草莓多年生的短缩茎称为根状茎。它是草莓的新茎在第 2 年叶片枯死脱落后，露出外形似根的短缩茎。根状茎是具有节和年轮的地下茎，是贮藏营养的器官，也能发出不定根。草莓植株随着年龄增长，每年都要增加新茎根，上部的根状茎随着时间的推移就要脱离土壤，不再发生新根，使植株吸收能力下降，产量、品质也随之下降。因此，生产上多采用一年一栽的栽培制度。

（3）匍匐茎　是由新茎的腋芽萌发形成的一种特殊的地上茎，它是草莓的营养器官。匍匐茎的形成层和机械组织不发达，加粗生长极弱，整个茎细长而柔软，不能直立生长而成匍匐状态生长，故称匍匐茎。

匍匐茎发生一般在植株坐果后开始，其茎的节间细长，每节的节间叶鞘内部有腋芽，奇数节上的腋芽一般不萌发，呈休眠状态，偶数

节上的腋芽可萌发，偶数节节间贴近地面处生成不定根，向上长成小型叶，出现生长点，然后发出正常叶而成为1株匍匐茎苗。在营养条件好的情况下，一般先期抽出的匍匐茎能继续向外延伸形成3～5株匍匐茎苗。从母株直接抽生的匍匐茎所繁衍的子苗，称为一级子苗；一级子苗在营养条件好的情况下，同样从偶数节抽生新的匍匐茎，称为二级匍匐茎，二级匍匐茎的偶数节再发生的幼苗，称为二级子苗；同样，二级子苗再形成三级匍匐茎，长成三级子苗。在同一株草莓上，早期形成的匍匐茎能长成高质量的匍匐茎苗，子苗级次越低，离母株越近，秧苗质量越佳；否则子苗越来越弱。

匍匐茎基部与土壤紧密接触时，发生的不定根扎入土壤中，经2～3周生长后与母株切开分离，就形成1株独立的秧苗。如果匍匐茎远离地面，不能与土壤充分接触，或土壤湿度不够，不定根就不能扎入土壤中，匍匐茎苗就会因干旱失水而枯死。

匍匐茎苗发生数量与品种有关，也与栽培措施有关。草莓新茎上的芽是混合花芽，匍匐茎与花序是同源的，二者依据环境条件的不同而发生变化。在草莓的花序分离前，如果喷赤霉素可使花序转化为匍匐茎，花芽分化前施氮肥过多，形成混合花芽的数量也少。花芽质量也会因匍匐茎苗发出的位置有关，“头苗”也就是母株直接抽生匍匐茎所形成的第1株苗，因是花序转化而来的，常常是开花不定时，也不整齐；而由“头苗”再抽生的秧苗即“初生苗”，则花序整齐，产量较高，所以，生产上尽量采用“初生苗”。

提　示　板

草莓的茎有根状茎、新茎、匍匐茎。新茎弓背方向是花序伸出方向，定植时要求弓背方向一致朝向畦垄外侧，方便管理。匍匐茎是草莓的主要繁殖器官，离母株较近的秧苗（“初生苗”）花序整齐，结果好，生产上常常用这类秧苗作栽培用苗。

5. 草莓叶的结构与生长规律如何?

草莓的叶是三出复叶（图 3），呈螺旋状轮生在新茎上，叶序为 2/5 式，第 1 片叶和第 6 片叶在伸展方向上重合。叶柄细长，一般有 10～20 厘米，上面有细茸毛。叶柄基部有一对托叶，合成托叶鞘包在新茎上，叶鞘有绿色和紫色之分。有的品种在叶柄的中部有两片小叶，称为耳叶。草莓复叶上的单叶形状有椭圆形、长圆形和倒卵形等。叶缘锯齿状，叶背密生茸毛，叶表面茸毛稀短。

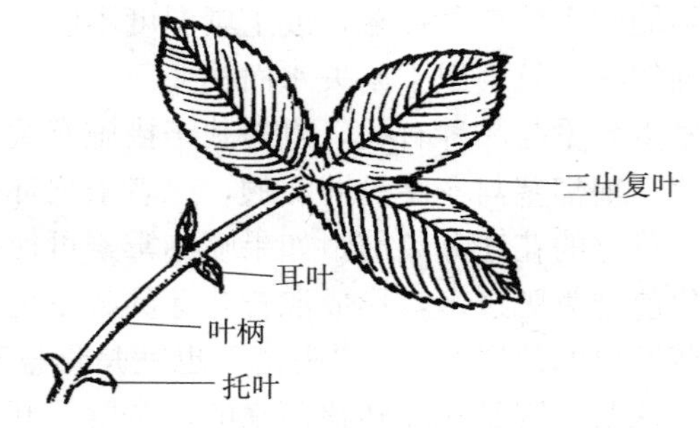

图 3　草莓叶的结构

草莓新根活动 7～10 天后开始抽生叶片，叶片不断地从新茎上发出，正常情况下，两片叶发生期间隔 8～12 天，一般 1 年抽生 20～30 个复叶。新叶展开后约 2 周达到成龄叶，约 30 天达到最大叶面积，40～60 天光合能力最强。在植株上，第 4～6 片叶光合能力最强。随着新叶的不断发生，老叶不断衰老死亡，衰老的叶片叶柄弯曲、平生、斜生或下垂，其光合能力不断下降，不仅要消耗母体的营养，而且由其产生的抑花激素还影响花芽分化。因此，生产上要经常摘除老叶。

草莓叶具有常绿性，叶片平均寿命 60～80 天，在北方保护地条

件下，可以保持绿色越冬，其寿命可达 200 天以上，到第 2 年春季生长一段时间以后才枯死，被早春发生的新叶所代替。所以，保持较多的绿叶，对提高产量非常重要。

叶片发生的速率与气候有关，早春萌芽后，随着气温的不断升高，叶片发生的速率较快，形成的叶片也逐渐变大；到了秋季，由于气温逐渐降低，所形成的叶片逐渐变小，发生数量也变少，叶柄变短，植株开张。所以，在保护地栽培中，前期增加温度，保证叶片正常发生发展，增大叶面积总量，是高产、优质的保证。

提　示　板

草莓叶具有常绿性，第 2 年越冬叶片首先制造有机产物，所以，保护好越冬叶片对提高秧苗成活率和产量具非常重要意义。

草莓 4～6 片叶光合能力最强，对老叶应及时摘除，减少营养消耗，提高花、果质量。

草莓每个花序有 7～15 朵小花，多者可达 30 朵。每个花序中心花先开，然后周边花开。所以，草莓的花序称为伞形花序，并分为聚伞花序和多歧聚伞花序两种类型。聚伞花序（图 4），通常是第一级的中心花先开，其次由一级花序两个苞片间形成的两个二级花序的花开放，再次由两个二级花序苞片抽生的 4 个三级花序的花开放，以此类推，形成多级花序多级花。高级花序（3～4 级或以上）的花，有开花不结果现象，栽培上称这类花为无效花。整个花序的花期可长达1个月左右。大多数品种的无效花占10%～15%，少数品种高达50%左右。无效花白白消耗养分，生产上应在花蕾期疏除，以集中养分，提高浆果的质量和单果重量。

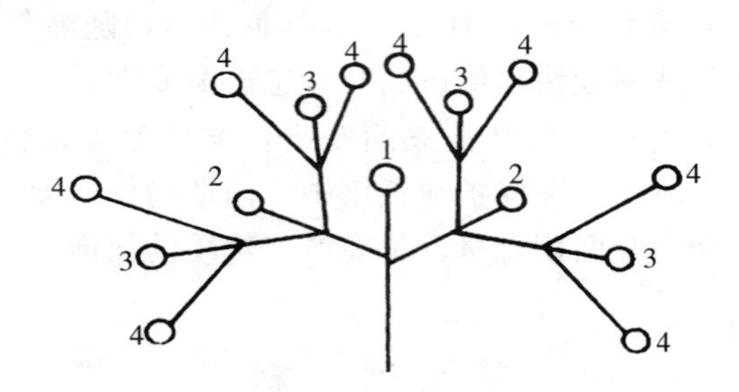

图4　草莓聚伞花序示意图
1. 第一级花序　2. 第二级花序　3. 第三级花序　4. 第四级花序

草莓植物为完全花，由花柄、花托、萼片、花瓣、雄蕊和雌蕊六部分组成（图5）。每朵花有花瓣5～6片，呈白色，萼片10片以上，依品种不同萼片有向内或向外翻卷。雄蕊30个左右，雌蕊离生，螺旋状整齐排列在凸起的花托上。依花的大小不同，雌蕊的数目也有差异，一般有200～400个。每个雌蕊有一个柱头，授粉受精后其子房发育成小瘦果（即种子），小瘦果发育过程中产生激素，刺激花托肥大形成果实，植物学上称之为假果。

草莓在外界平均气温达10℃以上时就能开花。开花时首先是花蕾外侧的萼片绽开，花瓣也同时展开，然后花药外卷。草莓花药开裂

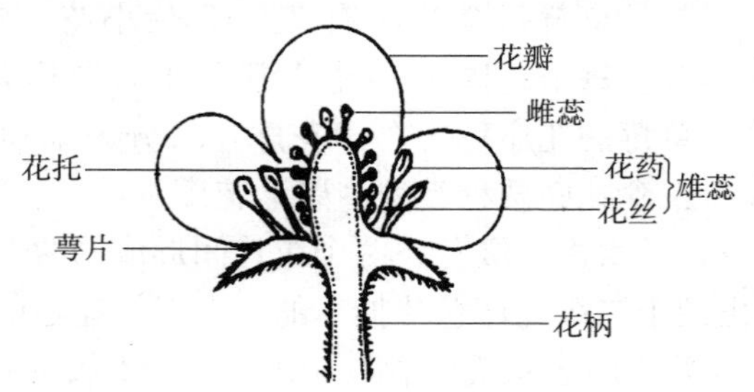

图5　草莓花的构造

时间一般从上午 9 时到下午 5 时，以 11 时开裂最多。花药开裂的最适宜温度是 14～22℃，最适湿度为 30%～50%。花粉发芽的最适温度为 22～25℃，湿度为 50%～60%。所以，保护地栽培中，开花期应少灌水，适当通风，降低棚内空气湿度，提高授粉受精率。草莓单花的花期一般为 3～4 天，1 个花序的花期先后可持续 20 天左右，而 1 株花期可长达 1～2 个月。草莓植物能自花结实，但异花授粉能提高坐果率，少数品种雄蕊发育不全或没有雄蕊而变成雌能花，如达娜品种，对这类品种要配置授粉品种。草莓的花是虫媒花，在保护地栽培中进行棚内放蜂和人工辅助授粉等措施，能提高授粉受精率，减少畸形果的发生。

提　示　板

草莓花序为聚伞花序，分级次高，高级次花序开花不结果，生产上应疏去。草莓开花适宜温度 22～25℃，湿度为 50%～60%，合适温、湿度是草莓高产优质的保证。草莓能自花结实，但异花结实率更高，棚室内栽植 2 个以上品种能提高坐果率。

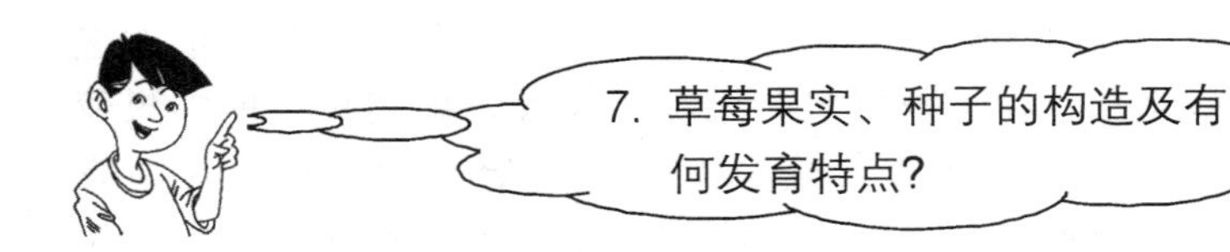

草莓的果实是由花托膨大而形成的，植物学上称为假果。由于果实柔软多汁，栽培学上称之为浆果。浆果由果皮和果肉两部分构成，果皮外层镶嵌着许多小瘦果（即种子）。草莓果实纵剖面的中心部位为花托髓部，髓部因品种不同，空心部大小不同，髓部外部是花托皮层（即果肉部分）。栽培学上可根据髓部空心大小，种子嵌入皮层的深度来区分品种。

草莓幼果为绿色，经过一段时间生长发育由绿变白，成熟时变为红色或深红色。成熟的果实不耐贮藏，一般品种常温下贮藏 4 天以后便失去了商品价值，有的品种甚至失去食用价值。瘦果与果面平或凸出的品种较耐贮运。

草莓果实形状一般为近圆形或扁圆形，也有圆锥形、长圆锥形、扇形、楔形、宽楔形等。果形是由品种特性决定的，但也受外部环境条件和营养条件的影响。在湿度较高的环境中果形容易变长，像保护地栽培的草莓就比露地栽培的果形稍长；果实获取的养分过剩，特别是氮素营养过多，果身有沟，有的长成形状不整的鸡冠状大果。果实形状与种子分布也有关，因为草莓果实膨大依赖于种子产生的生长激素，花托皮层上种子分布均匀，花托各部位都能正常肥大，发育成的果实完整匀称；如果局部种子缺失，或虽有种子但受精不充分，种子产生的生长素少，则该部位花托发育缓慢或停止发育，就形成了凹凸不平的畸形果。

草莓果实大小除了与品种有关，也受花序级次、授粉受精程度、植株营养状况和环境条件的制约。一般栽培品种平均果重 20 克左右，最大果重也有 60 克以上的单果，最小的只有 3 克左右。同一花序中以第一级序果最大，随着花序级次的升高，果重依次递减。授粉受精充分，种子数量多，果实比较大。果实膨大期如果营养不良，就会造成结果不良，浆果发育迟缓等现象。在果实发育期，光照充足，植株生长良好，光合作用所产生的碳水化合物向果实输送得就多，果实膨大迅速，果实内糖类等有机物积累多，品质优良；相反，在果实发育阶段光照弱，光合作用受阻，果实中的糖分含量及维生素含量减少，有机酸含量增加，果实个小，成熟晚，味酸。所以，在保护地栽培中要选择透光率高的薄膜，并经常清扫棚面灰尘，也可在棚内张挂反光幕，增加棚内的散射光量，必要时

可进行人工补光措施，保证光合作用正常进行。草莓果实生长发育的适宜温度为18～25℃，昼夜温差也影响草莓果实生长发育，适当的温差有利于光合产物积累，呼吸消耗少，果实个大，品质佳。所以，保护地栽培草莓在果实发育期，可在夜间适度放风降低棚内温度，增大昼夜温差。草莓鲜果中水分含量可达90%以上，果实对水分需求量较大，土壤水分充足，草莓果实膨大快，果面光滑有光泽；土壤水分缺失时，草莓果实小，果面干瘪，果皮皱缩，暗淡无光。

草莓种子是由着生在花托上的离生雌蕊受精后形成的，呈螺旋状排列在果肉上，植物学称这类种子为瘦果。每个小瘦果通过维管束与果肉相连。

草莓的种子长圆形，长约1毫米，颜色有黄色、黄绿色和紫铜色，一般紫铜色种子的果实商品性好。种子嵌入果肉的深度因品种不同有深有浅，有凸出果面的、凹入果面的和平于果面的三种类型。

草莓种子坚硬，发芽力一般可保持2～3年。草莓种子没有明显的休眠期，采收后立即播种，出苗率最高。所以，草莓种子只要发芽条件适宜，任何时候都可进行播种。种子繁殖是草莓育苗的一种途径。

提　示　板

草莓果由花托发育而成，植物学上称为假果。草莓果含水量达90%左右，故栽培学称浆果。由于草莓属于浆果，采摘和运输时应轻拿轻放。草莓果实生长发育适宜温度为18～25℃，但昼夜温差较大时，有利于果实生长发育，故浆果成熟期应注意通风降温。

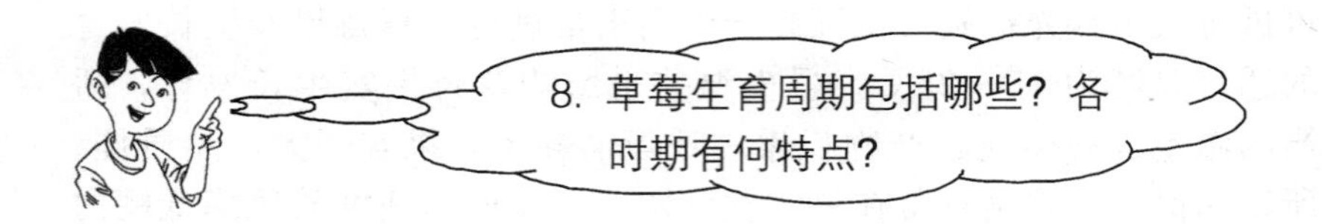

草莓属于常绿植物，在南方温暖地区和保温设施性能好的情况下，外观上没有明显的休眠阶段。在北方露地生产条件下，因冬季低温使植株生长停止，处于被迫休眠状态。随着外界环境变化，草莓植株各器官外部形态特征及内部生理生化都出现了周期性变化，形成了草莓的物候期。自然状态下，人们可根据某一阶段的生长发育特点，把草莓年生长发育过程分为开始生长期、开花结果期、旺盛生长期、花芽分化期和休眠期。

（1）开始生长期 当10厘米深的土温稳定在1℃时根系开始活动，土温稳定在2～5℃时，根系开始生长，这一时期根系生长发育所需营养是靠前一年贮备的营养，根系活动主要是秋季长出的根继续延伸。随着地温升高，逐渐有新根发出，接着越冬叶片也开始进行光合作用。当根系生长7～10天，秧苗顶端的芽开始萌发生长，先抽出新茎，以后新的叶片开始陆续出现，秋季形成的越冬叶片逐渐干枯死亡。这一时期要迅速提高地温，促进根系和地上部萌发生长。

（2）开花结果期 当新茎展出3片叶而第4片叶还未伸出时，花序就在第4片叶的托叶鞘内显露出来，随后花序梗伸长，整个花序露出，花蕾显现后，草莓进入了开花结果期。

从现蕾到第1朵花开放需10～15天，同一花序中最早一朵花与最后一朵花开放相隔15～25天，甚至更长，正常情况下从开花到果实成熟约需30天。这样由于草莓花期不一致，花期长，浆果成熟期也不一致，所以，草莓果要分期采收。开花结果期要加强肥水管理，特别是开花前施足肥水，满足花、果对肥水需要，调整好温、湿度，进行人工辅助授粉，或者采取放蜂措施进行昆虫传粉，提高坐果率。

如果花果量过大时，应及时疏花疏果，对级次较高的花果尽早除去，保证浆果质量。

（3）旺盛生长期 果实采收后，植株进入旺盛生长期，这期间首先是腋芽大量发生匍匐茎，接着抽生新茎分枝，二者都加速生长。新茎基部发出不定根，形成新的根系，根系生长进入第2次生长高峰。叶片数目不断增加，光合能力较强。在苗圃地，此期要保证土壤湿度，在匍匐茎大量发生前松土、除草，为匍匐茎扎根创造良好的条件。

（4）花芽分化期 草莓经过旺盛生长之后，光合作用所产生的碳水化合物大量积累，当秋季气温降至20℃以下，日照短于12小时后，植株从营养生长转向生殖生长，开始进入花芽分化阶段。此期草莓茎叶生长缓慢，叶片制造养分回流到根部，根系生长出现第3次高峰。此期注意控制肥水，特别是氮肥不能供应过多。如果条件好，草莓从假植到越冬前都可进行花芽分化；不经过假植的草莓苗，花芽分化要在草莓栽植后进行。

（5）休眠期 草莓花芽分化后，随着日照的缩短和气温的下降，草莓茎、叶生长放缓，新叶叶片变小，老叶变红、塌地，全株矮化，草莓进入休眠状态。此期注意保温，防止发生冻害。

提　示　板

草莓周年生长发育过程分为开始生长期、开花结果期、旺盛生长期、花芽分化期和休眠期，应根据每个时期生物学特征特性进行管理。开始生长期应迅速提高地温，促进根与茎叶生长；开花结果期和旺盛生长期的生产园应除匍匐茎、保花保果，繁殖圃除花序、浇水松土，提高繁殖系数；花芽分化期控制氮肥，降低温度，缩短日照，提高花芽质量；休眠期注意防寒。

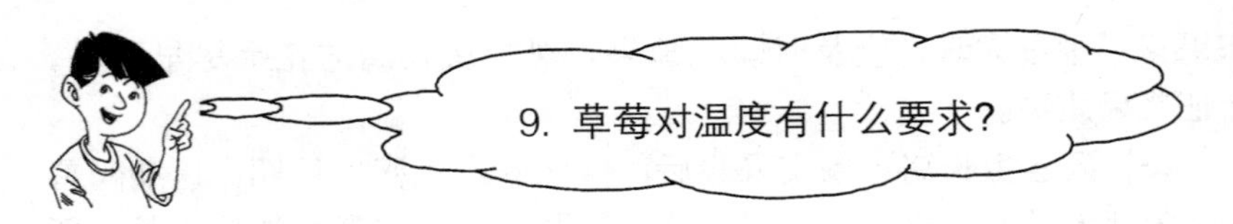

草莓根系在1℃时便可开始活动，10℃开始生长，10～15℃根系生长最快，23℃以上根系生长受到抑制，超过35℃根系死亡。秋季当土温降至5℃以下时，开始进入休眠，当温度降至－8℃时，草莓根系发生冻害，低于－12℃时，根系会被冻死。冬季保护地栽培中，地温较低是必须要解决的问题，如果棚内气温较高、地温较低时，叶片蒸腾和呼吸作用较旺盛，土壤却因温度较低，根系吸收能力变弱，容易造成草莓秧苗生理性缺水缺肥，使地上部茎叶生长放缓或停止，严重时造成植株死亡。因此，北方保护地栽培常利用高畦、地膜覆盖等农业技术措施来提高地温，满足根系正常生长对温度的需求。

草莓各部位对低温的反应也不同。叶在－5℃的条件下经过3～5小时变成紫褐色；开花后20天以上的大果，在这样的温度条件下，却变成被水浸烫过似的，直到果实成熟、果心也发硬；开花后7～10天的中、小果实在－2℃以下温度，经过1个小时，也能保持绿色，但发育停止，果实内部呈水浸状，3个小时以后变成褐色；开花后7天以内的小果，在－2℃时经过3个小时，或在－5℃时经过1个小时果实均变成黑色。在花期，开花前1周内的花蕾在－2℃的低温条件下，花粉遭受冻害，坐果率降低，但从花蕾外观上看却没有多大变化；而正在开放的花朵，在－2℃情况下，萼片变褐，雌蕊变黑，花瓣与雄蕊却未受危害。

草莓地上部在气温达5℃时开始生长，生长最适温度为20～25℃。30℃以上光合作用受到抑制，叶片出现日灼；15℃以下光合作用减弱，10℃以下生长不良。生长期间如遇－7℃低温，地上部茎叶遭受冻害，－10℃以下时，草莓植株会被冻死。

草莓花芽分化适宜温度为10～17℃，高于30℃或低于5℃时，

花芽分化受阻。草莓开花期适宜温度为25～28℃，超过28℃，花粉发芽受到影响，当温度低于0℃或高于40℃时，则会影响授粉受精，使种子发育不良，导致产生畸形果。据观察，温度超过45℃时，花粉发芽仅为15%左右；55℃以上时根本不能受精；50℃以上高温，花器中的花瓣、雌蕊变成褐色。果实成熟期，白天最适温度24℃，夜间15℃。温度过高，浆果提前成熟，果个变小；温度过低，果个虽然能增大，但推迟了成熟期，浆果上市较晚，降低经济效益。

提示板

草莓保护地栽培成功与失败与否主要是看温度管理。草莓根在地温1℃以上时开始活动，10℃开始生长，10～15℃生长最快。生产上可通过地膜覆盖增加地温，促进根系快速生长。花芽分化适温10～17℃。通过覆盖遮阳网降低温度，促进花芽分化。开花期适温25～28℃，可通过棚膜扒缝、加盖草苫来调控。果实成熟期白天适温24℃，夜间15℃，过高或过低都影响果实生长发育。

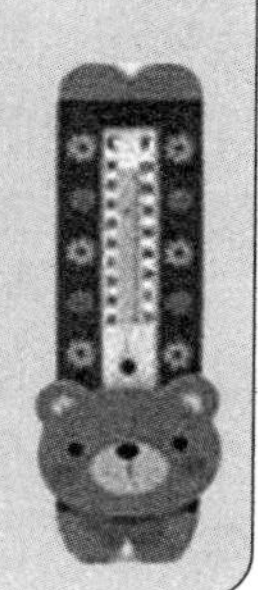

10. 草莓对光照有什么要求？

草莓虽是喜光植物，但又比较耐阴，冬季在覆盖情况下，越冬的叶片仍保持绿色，第二年春能正常进行光合作用。光照强时，植株低矮粗壮，果实含糖量高，香味浓；光照不足时，叶片薄，叶柄、花柄细长，果个小，味酸，品质差。秋季光照不足时，会影响花芽形成，并使根状茎贮藏的养分相对减少，越冬抗寒力下降，易造成越冬秧苗死亡。草莓各生育期对光照时数要求不同，开始生长期与开花结果期一般需日照时数 12～14 小时，花芽分化期需要日照时数较少，一般在 12 小时以下有利于花芽分化，日照时数低于 10 小时，草莓将要开始进入休眠阶段。

保护地栽培容易出现光照不足现象。经试验，对棚栽宝交早生品种进行遮 1 层纱布和 2 层纱布的遮光试验统计。遮 1 层纱布，日照只有对照的 60%，遮盖 10 天，花粉发芽率开始降低；遮盖 35 天，降低到只有 10%。遮盖 2 层纱布，日照只有 30%，遮盖 10 天花粉发芽率明显降低，遮盖 25 天，花粉基本不发芽。冬季夜长昼短，温度低，按照花粉发芽所需日照时数看，花粉发芽率应该很低，但实际情况是开花期只要能有连续 3 个晴天，草莓花粉发芽率依然能达到 62.5%。

冬季晴天中午，大棚内的照度为15 000勒克斯，阴天能达到5 000勒克斯，草莓在这种条件下能够生长发育。但理想的日照度应在25 000勒克斯左右，大棚与日光温室自然条件下是不能够达到的。所以，冬季保护地生产最好采取补光措施，保证草莓正常生长发育。补光最好在早晨进行，既可有利于花粉发芽对光的需求，又能提高棚内温度。

提　示　板

草莓喜光，光照不足果实品质下降。草莓开花期日照 12～14 小时为适，可通过补光来增加日照时数，补光在早晨效果最好，既可补光，又可增加棚室温度。花芽分化时所需日照时间短，一般在 12 小时以下。但时间过短，日照短于 8 小时，将进入休眠。此时苗期可通过覆盖遮阳网，或者缓苗后棚膜覆盖草苫避光等措施来缩短光照时数。

11. 草莓对土壤有什么要求?

草莓可以在各种土壤上生长，但在疏松、肥沃、透水、通气性良好的轻壤或沙壤中生长，更容易获得高产、优质。

草莓是浅根性植物，80%以上的根系都集中分布在土壤表层25厘米范围以内，另外，加上草莓根先端穿透力较弱，当土质坚硬时就阻止了草莓根的伸展，影响了根系吸收面积的扩大，从而也影响到地上部器官的生长发育。因此，土壤是否适宜栽培草莓，在很大程度上取决于土壤表层的结构和质地。

草莓在地下水位不高于80～100厘米，pH5.5～6.5的偏酸性土壤中生长发育良好。在沼泽地、盐碱地、石灰性土壤中栽植草莓，因这些类型土壤结构紧密，通透性差，排水不良，pH偏高，不利于草莓吸收水分和养分，草莓生长发育不良。黏质土，通气、透水性差，土体排水不良，易受涝，土壤有机质分解较慢，短期不能满足草莓对营养的全面供应，易造成果实味酸，颜色暗淡，成熟期较晚。

在保护地栽培中，棚内土壤易干燥，沙土更容易干燥，需要不断灌水，才能较好地发生根系。沙土还容易渗水，水渗入后，还不易排掉，这就导致低洼的沙土地容易发生易涝易旱现象。在露地栽培中，沙土比黏土升温快，但在棚室保护地栽培中，在调整好土壤水分的前提下，各种土壤升温速度差不多。这是因为直射光被塑料薄膜遮挡，地温上升较慢，首先要把棚内气温升高，然后地温才能逐渐上升。所以，在保护地生产中，只要调控好肥水，一般土壤都能获得早产、早收。

提示板

草莓在肥沃的沙壤土上生长良好，对于沙土、黏土可通过增施有机肥加以土壤改良。地下水位不高于80~100厘米，pH在5.5~6.5有利于草莓生长发育。棚室中各类土壤升温效果差别不大，所以一般性土壤栽植草莓都能获得较好的经济效益。

12. 草莓对土壤水分和空气湿度有什么要求？何为草莓水肥一体化技术？

草莓根系分布浅，植株矮小，吸收范围小，但草莓植株叶片大，蒸发面积大，加上整个生长期间不断发生新叶，采收后植株大量抽生匍匐茎和新茎，所以，草莓对水分需求量较大。草莓秧苗开始生长阶段缺水，容易使茎叶生长受阻，叶片光合作用降低，秧苗弱小，影响花芽形成。结果期缺水，草莓果实生长发育受到影响，果个变小，严重地降低产量和质量。繁殖圃缺水，匍匐茎扎根困难，减少秧苗数量；水分过大，容易导致土壤中氧气不足，影响根系的正常生长，致使草莓叶片变黄萎蔫，秧苗质量降低。草莓如果长时间缺水或水分过剩都会致使秧苗死亡。草莓正常生长所需的土壤相对含水量为60%～80%，花芽分化期为60%，浆果膨大期在80%为最好。

草莓属于浆果，果实中含水量达90%左右，在果实大量成熟期间，适度灌水是丰产的必要保证。水分不足时，果个变小，产量明显

降低；但也不是水分越多越好，水多时，土壤空气不足，根系因缺氧而失去吸收功能，严重时根系腐烂，反而造成植株生理性缺水，致使浆果萎蔫，甚至果实脱落，严重时整个植株窒息死亡。

草莓保护地栽培除了注意土壤水分之外，还要注意棚内空气湿度。湿度过小，草莓花期变短，授粉时间缩短，不利于花粉传播；花期湿度过大，不利于花药开裂与传粉，影响授粉受精。一般花期棚内湿度以40%～60%为最好，超过80%容易使畸形果数量增多。浆果成熟期如果湿度过大，易使浆果腐烂、感病。因此，保护地栽培灌水时应少灌、勤灌，地表不能积水。最好采取滴灌与地膜覆盖相结合的“草莓水肥一体化”技术措施。

水肥一体化是借助压力系统（或地形自然落差），按土壤养分含量与草莓的需肥规律和特点，将可溶性固体或液体肥料配对成的肥液与灌溉水一起，通过可控管道系统供水、供肥，达到水肥均匀、定时、定量地浸润草莓根系发育生长区域，使根系主要分布区域的土壤始终保持疏松和适宜的含水量。滴灌设备由滴灌带、输水管、施肥器、专用接头组成。滴灌带为直径25毫米，每隔25厘米有双排出水孔，一根滴灌带同时向两行草莓供水。专用接头用于滴灌带与输水管的连接；施肥器用于灌水时向草莓随水追肥。在水源与主管间安装施肥器。水源中不能有直径大于0.8毫米的悬浮物。

提　示　板

草莓属于浆果，需水量大。但水分过多易造成秧苗萎蔫，病害加重。繁殖圃在匍匐茎繁殖期，应保持土壤湿润，利于生根。在生长期保持土壤相对含水量为60%～80%。花期空气湿度以60%左右为好，所以花期要在保证温度的情况下经常通风降湿。目前采用“水肥一体化技术”是调控棚室湿度的理想技术措施。

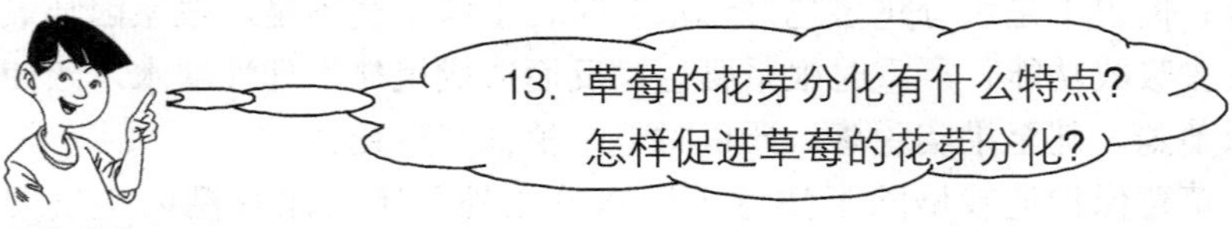

草莓的花芽分化是在低温、短日照条件下进行的，8 小时日照情况下，10～20℃都可进行花芽分化；日照在 12 小时以上，17℃以上温度均不能进行花芽分化；10℃以下低温，日照不论长短均能进行花芽分化；5℃以下，草莓进入休眠，不能进行花芽分化；30℃以上高温不能形成花芽。在 9℃低温条件下，经过 10 天以上即可形成花芽，这时对光照要求不太严格；温度在 17～24℃时，只有在 8～12 小时的短日照条件下，才能形成花芽。在北方，温度下降时间较早，17～24℃的温度很早就能满足，但日照较长，花芽分化也不能正常进行，这时长日照是限制花芽分化的主要因子；在南方，日照有可能满足了草莓花芽分化的需要，但温度偏高，同样也限制了花芽分化，这时高温成了限制花芽分化的主要因子。一般认为 8 小时短日照、17℃的温度，是花芽分化的理想条件。

草莓植株体内的氮素水平也影响花芽分化。植株生长过旺，叶片浓绿，植株花芽分化较迟；长势中庸，氮素营养较低，叶片黄绿色，花芽分化较早。据分析，叶柄汁液中硝态氮浓度在 0.03%时有利于花芽分化，高于 0.03%花芽分化推迟，如果达到 0.05%～0.1%时，花芽分化不仅严重推迟，还会降低产量，产生过多的畸形果。

草莓秧苗叶数量也影响花芽分化。秧苗具有 5～6 片叶较具有 4 片叶的花芽分化提早 7 天，较秧苗具有 3 片叶的提早 20 天进行花芽分化。具有 4～5 片叶以上的秧苗，花芽分化速度快，花芽数量多。因此，壮苗标准应该是有 4～6 片以上展开的叶。

激素对花芽分化也至关重要。短日照条件下，赤霉素浓度越高，

花芽分化越迟，植株体内赤霉素含量在50毫克/千克以上时，花芽不能进行分化。脱落酸却能促进草莓进行花芽分化。

生产上，为了促进草莓花芽分化，常采用创造低温短日照条件、控制氮素营养水平、喷施生长调节剂、培养壮苗等一系列措施。

（1）创造低温、短日照的环境条件 有条件的地区，可采取遮阴避光措施，或冷库假植，减少日照长度，降低温度。南方地区，低温、短日照来得晚，可采取“北苗南栽”的栽培方式，即在北方低温、短日照地区育苗，当花芽形成后，再移到南方地区进行栽植。北方地区，可实行高海拔山区育苗，因海拔高、气温低，有利于花芽分化；也可在扣棚后，采取白天覆盖草苫，夜晚揭苫方法来降低温度，缩短日照，促进花芽分化。

（2）调控氮素营养水平 花芽分化前严格控制氮肥施用，采取断根或假植的方法，阻止根系对氮素的吸收，降低植株本身氮素总量；或花芽分化前施钾肥，增强光合作用，增加碳水化合物积累，提高碳氮比率。但如果植株弱小，应在旺盛生长期加大氮肥供应，促使叶面积增加，提高光合面积，增加光合产物积累，使植株健壮，有利于花芽分化。

（3）喷施植物生长调节剂 植物生长调节剂具有促进和抑制植物生长的功效，植物激素中赤霉素能促进茎叶的生长，脱落酸能抑制茎叶生长。花芽分化期喷浓度为300～500毫克/千克的15%多效唑（PP_{333}），有利于花芽分化。

（4）培育健壮的秧苗 秧苗的大小和有效叶片的多少影响花芽分化。草莓秧苗在生长前期要加强肥水管理，满足秧苗对氮、磷、钾的需求，促进秧苗快速生长，后期加强钾肥的供应，控制氮肥和水分的供给，使秧苗壮而不旺。

（5）摘老叶 草莓老叶在后期消耗营养多，摘除后可节省营养。摘老叶可改善草莓的通风透光条件，提高光合能力，增加植株碳水化合物积累。另外，老叶中含有较多的抑花激素，摘除后可降低抑花物质含量，有利于花芽分化。

提　示　板

影响草莓花芽分化主要是低温和短日照。8小时日照、17℃温度是花芽分化的理想条件。另外，氮素水平、秧苗的强弱、激素含量也影响花芽分化。生产上可通过创造低温短日照条件、合理施肥、喷施生长调节剂、摘老叶等措施促进花芽分化。

14. 草莓休眠有什么特点？与生产有什么关系？

休眠是植物在进化过程中形成的一种对外界环境的适应。休眠依据生态表现和生理活动特性，分为自然休眠和被迫休眠。自然休眠又称深休眠，是由器官特性所决定的，它要求在一定的低温条件下，经过一定时间，才能通过休眠。此时，即使给予生长发育所需要的环境条件，植株也不能正常生长。被迫休眠是指多年生植物已通过自然休眠阶段，只是外界环境条件（主要是温度）不能满足生长发育的需要，而处于被迫休眠状态。此时，如果给予生长适宜条件，植株立即进入生长发育阶段。

草莓的休眠与落叶果树不同，它的自然休眠不太明显，具有相对性。处于自然休眠状态的草莓，如果给予适宜温度条件，植株也能开花结果。只是由于植株感受的低温积累量不足，休眠尚未通过，草莓生长势较弱，花柄与叶柄短，果实小，不能连续抽出花序；如果通过自然休眠阶段，则植株抽生的新叶直立，叶柄与花柄长，果个大，发生匍匐茎数量多。

引起草莓休眠的主要原因是低温和短日照。当日照变短（12小时以下）、温度下降时（5℃以下），草莓的叶柄变短，叶片变小，植株变矮，并平行于地面，不再发生匍匐茎，呈矮化状态。内部生理生化也随之变化，植株体内生长素逐渐减少，脱落酸含量逐渐增加，叶内淀粉含量降低，根茎部位淀粉含量增多。

生产上常利用草莓这一休眠特性，采取各种栽培措施调节温度变化和光照时数，使草莓不进入自然休眠期，进行草莓的促成栽培；或者促使草莓提早通过自然休眠期，进行半促成栽培；或者延长草莓被迫休眠期，进行延后抑制栽培。总之，通过改变草莓再次生长和开花结果的时间，达到不同时期获得果实，延长草莓鲜果的供应时间。

提　示　板

草莓休眠具有相对性。但通过自然休眠的植株健壮，结果好，发生的匍匐茎多。生产上通过改变休眠特性可进行促成栽培、半促成栽培和抑制栽培。引起草莓休眠的主要原因是低温和短日照。

15. 影响草莓休眠因素有哪些？怎样利用栽培技术改变草莓的休眠规律？

草莓的休眠与草莓自身的生物学特性有关，也与环境因子有关。

（1）品种特性　草莓在自然条件下，形成了各自独特的遗传特性。不同品种自然休眠时间长短不同，根据草莓所需的低温量不同，把草莓品种划分为寒地型品种、暖地型品种和中间型品种。寒地型品种，如全明星、哈尼、盛冈16等，需低温量较多，在5℃以下低温条件下，需经600～800小时才能通过自然休眠；暖地型品种，如春香、丰香、丽红等品种，需低温量较少，在5℃以下低温条件下，只需50小时就能解除自然休眠；宝交早生、新明星、戈雷拉等中间型品种，在5℃以下低温条件下，需400～500小时解除自然休眠。

（2）温度与光照 草莓休眠发生的外部条件是低温和短日照，其中短日照的影响是主要因素。据观察，在10小时以下短日照条件下，即使给予21℃的较高温度，草莓植株也会进入休眠；相反，给予12小时以上的日照和15℃较低温度条件下，草莓也难进入休眠。由于草莓在花芽分化后才进入休眠期，可见诱导草莓进入休眠，需要较短的日照时数（8小时以下）。但5℃以下的低温，无论日照长短草莓都将进入休眠。自然条件下，当旬平均温度降至5℃以下，草莓植株进入休眠最深。所以，草莓只有在5℃以下，并积累足够的低温量，才能解除自然休眠。如果低温积累量不足，即使给予适合生长的较高温和长日照条件，草莓也不能进行正常的生长发育。

（3）激素 植物激素与休眠有密切关系。草莓在生长期内生长素和赤霉素含量高，脱落酸含量低。开始进入休眠期，植株体内生长素和赤霉素含量迅速降低，而脱落酸含量却升高。由此看出，脱落酸是引起草莓休眠的主要激素物质。脱落酸的含量与植株需要的低温总量有关，植株体内脱落酸含量越多，需要的低温积累量也越多，需要解除休眠的时间也越长。

（4）营养物质 草莓休眠与植株体内的碳水化合物含量有关。休眠开始时，淀粉迅速积累，糖分减少，休眠最深时，淀粉含量最高。自然休眠解除时，植株体内淀粉含量迅速减少，糖分增加。所以，加强秋季管理，增加碳水化合物积累，能使草莓正常进入休

眠；如果氮肥过多，植株生长过旺，碳水化合物积累少，休眠就会推迟。

根据草莓休眠这一特性，生产上根据栽培需要采取以下措施来提早或延迟休眠。

(1) 提早解除休眠

①冷藏秧苗。把草莓秧苗放入冷库中，利用人为控制的低温条件，满足草莓对低温的需求。研究表明，13℃以上的温度，不易使草莓渡过休眠期；7～13℃对草莓休眠进度没有明显影响；－2～7℃对打破草莓休眠有明显效果。加速草莓休眠的最适温度为0～5℃。当温度低于－3℃时，草莓遭受低温伤害；3℃以上温度，草莓恢复生长，出现花蕾伸出和展叶现象。所以，草莓苗冷藏的温度以略低于最适温度（0～5℃）更有利于解除休眠。一般品种冷藏温度在－1～2℃，冷藏时间1个月左右可解除休眠。

②长日照处理。草莓在接受一定量的低温后，给予长日照处理，就可由休眠转入生长。当品种接受低温积累量达到60%以上时，提高温度，通过补光增加日照时数，草莓就可继续生长发育。补光方法有傍晚补光，即日落后补光2～4小时；半夜补光，即在午夜补光3小时；清晨补光，既在早晨日出前补光3小时。补光最佳时段在早晨补光，既可增加日照时数，又可提高棚内温度。补光一般用白炽灯，灯距离地面1.5～1.8米，每10～14米^{2}用1盏100瓦的白炽灯。

③赤霉素处理。赤霉素是一种促进植物生长的激素，可以起到长日照效果。赤霉素处理草莓秧苗2～3天可见成效，比用补光措施打破休眠快。赤霉素在高温下作用效果好，喷赤霉素时，棚内温度应保持在25℃以上。赤霉素在植株体内存续时间短，一般只存留10天左右，所以，在使用赤霉素时，要根据品种特性来确定喷施次数，休眠期短的品种，喷施1次；休眠期长的品种，喷施2～3次。赤霉素每两次喷施间隔时间为7～10天，喷施浓度为5～10毫克/千克，喷施量为每株5毫升，喷施部位为心叶。

④高山育苗。随着海拔升高，气温逐渐下降，把草莓移到高山（海拔1 000米以上）进行假植，等到草莓打破休眠后，再移到平地进行栽培，能有效地打破草莓休眠。

（2）抑制草莓休眠 草莓在低温、短日照的诱导下，体内发生一系列的生理生化变化，植株逐渐进入休眠状态，一旦进入休眠后，不能马上解除。这样对于促成栽培就存在着一定障碍，为了尽快解除休眠,顺利进行促成栽培,生产上常采用一系列措施抑制草莓休眠。

①提早保温。自然条件下，低温诱导休眠，而高温能控制进入休眠。提早保温能避免草莓进入休眠阶段，使植株保持旺盛的生长状态。各地因气候差异，开始保温的时间各有不同，但总的原则是以草莓完成花芽分化，秧苗尚未进入休眠为好。夜间温度在 5～10℃开始保温为好。保温过早，温度过高，抑制花芽分化，影响花果质量；保温过晚，植株易进入休眠，再重新打破休眠，恢复生长较为困难，达不到促成栽培效果。一般南方地区在 10 月中下旬保温，北方地区在 10 月上中旬保温。

②长日照处理。长日照处理是抑制草莓进入休眠的一项重要措施。长日照处理后，叶柄长度和叶片面积明显增加，果实个大，有光泽。补光要根据品种特性来进行，自然休眠期短的品种，保温后不用立即补光，可在开花坐果后补光；自然休眠中等的品种，如宝交早生，保温后应立即补光。

③赤霉素处理。扣棚后 3～5 天，用赤霉素喷施草莓心叶，喷施浓度为 5～10 毫克/千克。对于休眠浅的品种，如丰香、明宝等品种用浓度为 5 毫克/千克，每株 5 毫升，喷 1 次即可；休眠较深的品种，如宝交早生、硕香等，用浓度 10 毫克/千克，每株 5 毫升，连续喷 2 次，两次间隔时间为 7～10 天。喷施时间要在无露水的中午进行。喷药后，棚室要保持密闭，保证棚室内有较高的温度。

提　示　板

草莓品种不同，通过休眠的时间不一，根据休眠期长短有寒地型、暖地型、中间型3个品种类型。影响草莓休眠的因子有低温和短日照，主要是短日照。日照时数低于8小时，或温度低于5℃草莓都将进入休眠。提早解除休眠的方法有：冷藏秧苗、长日照处理、赤霉素处理、高山育苗。抑制休眠的方法有：提早保温、长日照处理、赤霉素处理。

二、草莓周年生产的保护地设施

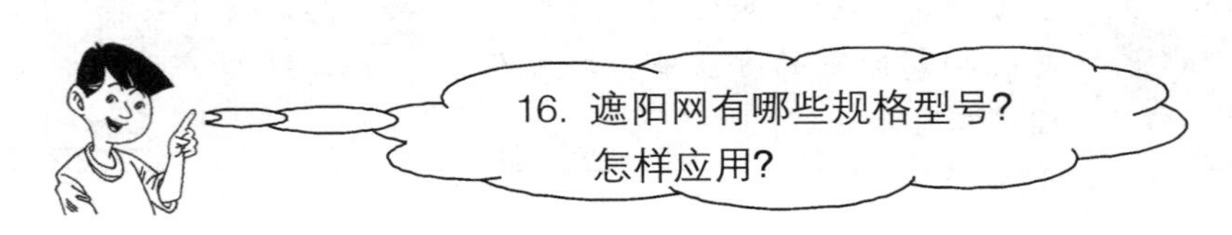

16. 遮阳网有哪些规格型号？怎样应用？

遮阳网又称冷爽网，它是由高密度聚乙烯拉丝编织而成。有银灰色、黄色、黑色多种颜色，是一种高强度、耐老化、轻质量的网状新型农用覆盖材料。其型号有 SZW-8（8 根网）、SZW-10（10 根网）、SZW-12（12 根网）、SZW-14（14 根网）、SZW-16（16 根网）五种，遮阳网编织根数越多，遮光率越大，纬向拉伸强度也越强，但经向拉伸强度差别不大。编织的质量、厚度、颜色影响透光率。

生产上使用最多的是 SZW-12 和 SZW-14 两种型号，每平方米用量为（45±3）克，规格以幅宽 160～250 厘米为宜，使用寿命一般 3～5 年。见表 1。

表 1　遮阳网的主要性能指标

型号	透光率（%）		机械强度（50 毫米宽的拉伸强度）（牛顿力）	
	黑色网	银灰色网	经向（含 1 个密区）	纬向
SZW-8	20～30	20～25	≥250	≥250
SZW-10	25～45	25～40	≥250	≥300
SZW-12	35～55	35～45	≥250	≥350

（续）

型号	透光率（%）		机械强度（50毫米宽的拉伸强度）（牛顿力）	
	黑色网	银灰色网	经向（含1个密区）	纬向
SZW-14	45～65	40～55	≥250	≥450
SZW-16	55～75	55～70	≥250	≥500

遮阳网在草莓栽培中育苗阶段应用比较多，用以降低温度，缩短日照时数，促进花芽分化。一般方法为8月20日至9月10日在假植床上搭建小拱棚骨架，用黑色遮阳网于每天傍晚至第2天早晨覆盖在小拱棚上，使日照时数低于10小时。

南方在大棚促成栽培中也有应用，为了完成花芽分化过程，定植后，用遮阳网进行避光降温，满足花芽分化条件。小拱棚覆盖遮阳网，一般利用2米宽、0.8米高的小拱棚骨架，用幅宽1.6米的遮阳网覆盖顶部，两侧基部通风。见图6。

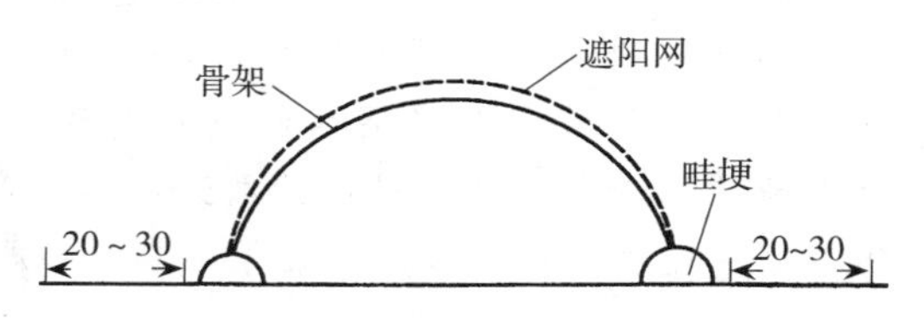

图6　小拱棚覆盖遮阳网（单位：厘米）

大棚覆盖遮阳网有两种方式，一种是顶盖，在大棚顶覆盖遮阳网，两侧距地面1米处不覆盖，以利通风，上部既可遮强光，又能防暴雨（图7）。二是平盖。大棚内部两侧纵向拉杆上，用尼龙绳往返

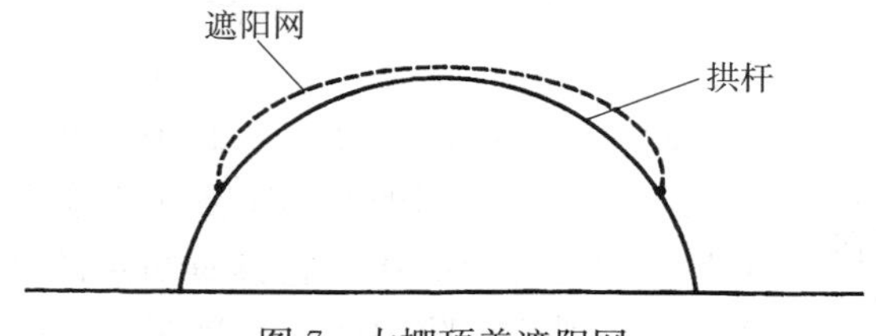

图7　大棚顶盖遮阳网

拉紧成一个平面，上面铺上遮阳网，四周拉平绷紧。此方法适用于无柱大棚。见图 8。

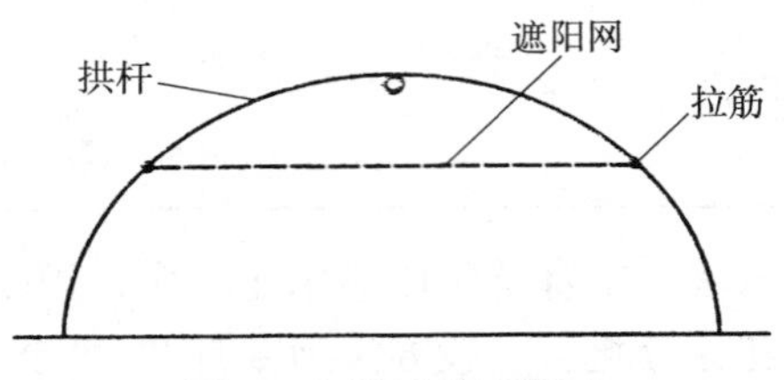

图 8　大棚平盖遮阳网

提　示　板

遮阳网的规格有 5 种，常用的有 SZW-12 和 SZW-14 两种型号。在草莓栽培中应用较多的为：一是秧苗假植时覆盖遮阳网进行低温短日照处理，促进草莓花芽分化；二是在促成栽培中为了提高秧苗成活率，在定植后覆盖遮阳网，防止阳光暴晒秧苗过多散失水分。

17. 防虫网有哪些种类？怎样设置和应用？

防虫网是以高密度聚乙烯为主要原料，经拉丝编织而成的一种形似纱窗的新型覆盖材料。目前全国各地均已普遍应用。它具有防虫防病，减少透光率，降低温度，防雨防风等效果，是实现草莓无公

害生产的有效措施之一。

防虫网按材质分有尼龙筛网、棉纶筛网、高密度聚乙烯筛网。按网格大小分有 20 目、24 目、30 目、40 目，幅宽有 100 厘米、120 厘米、150 厘米等规格。使用寿命 3～4 年。防虫网颜色有白色、银灰色等。目前生产上应用较多的是 20 目和 24 目。

根据防虫网覆盖的部位可分为完全覆盖和局部覆盖两种类型。完全覆盖是指利用温室或大棚骨架，用防虫网将其完全封闭的一种覆盖方式。局部覆盖只在通风口和门窗等部位设置防虫网，在不影响设施性能的情况下达到防虫效果。覆盖防虫网前，必须是棚室没有虫源，才能保证覆盖的效果。也可在草莓定植前利用药剂熏蒸消毒，消灭虫源后覆盖。

提　示　板

覆盖防虫网是棚室虫害物理防治的一种方法，是生产绿色草莓的一种手段。同时它还具有降低温度、防雨防风等功效，它对于促成栽培可降温保苗、提高成活率，对薄膜可起保护作用、延长使用寿命。覆盖防虫网前棚室应没有虫源，或进行完药剂杀虫后再覆盖防虫效果明显。

18. 地膜覆盖在草莓周年生产上有什么作用？怎样覆盖？

地膜覆盖是一种简单易行的保护地设施，草莓地膜覆盖比露地生产提早上市 1 周以上，覆盖后的栽培管理与露地生产基本相同，但它与露地生产相比有许多优点。

（1）增加土壤温度 露地栽培土温回升慢，迟迟达不到草莓发根所需要的温度指标。地面覆盖薄膜后，薄膜有效地减少了地面的热量散失，土壤温度显著提高。一般透明地膜覆盖能使0～20厘米深的土壤月平均增温3～6℃，有利于草莓浅根性植物的生长发育，使草莓浆果提早收获和提早上市。高畦、高垄覆盖地膜增温效果明显。

（2）提墒、保水 地膜覆盖后，具有提墒保水作用。试验表明，地膜覆盖可使土壤的相对含水量提高2%～5%，生育期内减少蒸发量150～225毫米，每667米^{2}可节水100～150米^3。

（3）抑制土壤返碱 在没有薄膜覆盖的地面，由于地面表层大量蒸发水分，土壤盐分随水通过毛细管上升并滞留土壤表面，致使草莓秧苗遭受盐碱危害。地膜覆盖后，不仅抑制了地面蒸发，阻止了土壤深层盐分向耕层运动和积累，而且由于土壤水分内循环的淋溶作用，使耕层土壤的含盐量大为降低。

（4）防止肥土流失 覆盖地膜能有效地防止雨水冲刷和地表径流所造成的肥土流失，并能使土壤中反硝化细菌造成铵态氮挥发损失降到最低程度，提高了土壤肥料利用率。

（5）改善光照条件 覆盖地膜后，由于地膜和膜下附着水滴的反射作用，可使近地面的反射和散射光强度增加，从而增强了光合强度，提高了光合产量。

（6）减轻病虫草害 由于地膜覆盖防止了雨水冲刷和地表径流，使土壤中借水借风传播的病虫没有了传播途径。地膜覆盖还能减少地面蒸发，降低空气湿度，使茎叶和花果上的侵染性病害没有适宜的生存环境，从而降低了病虫害的发生。如覆盖银灰色薄膜，有驱蚜作用，对防治蚜虫和以蚜虫传播的病害有特效。覆盖黑色薄膜，可把许多杂草闷在膜下，使其无法进行光合作用，自身消耗贮备营养，致使杂草饥饿枯死。覆盖加有除草剂的除草地膜，当膜下附着水滴时，除草剂溶解并附着水滴中，随着水滴渗入土层内，形成一层除草剂土层，能有效地消灭杂草。用普通透明薄膜栽培草莓，草莓在生育前期，植株小，遮挡阳光少，太阳辐射能大量透过地膜，使土壤温度升

高，在中午前后，地膜下温度可达50～60℃，湿热空气可闷杀膜下杂草。

地膜覆盖是全生育期覆盖，直到浆果成熟采收完毕。地膜覆盖的时期有越冬前覆盖和早春萌芽前覆盖。在北方寒冷地区，以越冬前覆盖为最好，一般在日平均气温3～5℃的晚秋或初冬进行。覆盖过早，易出现沤叶现象，使叶片变色，甚至腐烂；覆盖过晚，草莓易遭受冻害。辽宁地区一般在11月中旬进行，河北一般在11月下旬进行，江苏在12月上中旬进行。北方覆盖前应先灌封冻水，待水下渗后再进行地膜覆盖。南方地区，两种覆盖方法均可使用。春季覆盖地膜，应在土壤开始化冻后，除去防寒物后进行。覆膜方式有平畦覆盖和高畦覆盖。平畦覆盖，生产园整地施肥后，把畦做成宽1～1.5米，长10～15米平畦，按行距30厘米，株距20厘米定植，覆盖时按地膜宽度，可采取单畦覆盖或连畦覆盖。高垄覆盖，整地施肥后，做高垄，上垄台面宽40～60厘米，下垄底宽70～90厘米，垄高25～30厘米，垄沟宽33厘米（垄距），每一条垄或两条垄覆盖一块地膜。覆盖前，先把草莓苗的枯枝烂叶和园地杂草清除干净，把病虫叶集中销毁，然后喷洒药物，防治草莓病害。选择温暖的无风天气进行覆盖，覆盖时地膜周围用土压实压严，膜面展平不打卷。畦垄过长，可在膜面上横向压土，防止被风撕破。北方地区冬前覆盖完地膜后，可加盖秸秆等防寒物，以利草莓安全越冬。

提　示　板

地膜覆盖是保护地栽培中最简单的一种栽培形式。它具有保温提墒、控制杂草生长、防治病虫、防止土壤返碱等多种功效。地膜覆盖时间因地区不同而不同，辽宁一般在11月中旬。覆盖薄膜时四周用土压严，防止鼓膜；北方在覆膜前应灌透水，覆膜后在冬季加盖防寒物。

塑料小拱棚造价低，构造简单，构筑方便，是各地应用最普遍、面积较大的保护地设施。其规格一般为：跨度1米，长6～8米，高0.6～0.8米；另有跨度为2米，高0.8～1.0米的小拱棚。

小拱棚可用细竹竿、竹片、钢筋作骨架，也可就地取材用紫穗槐、柳树条作拱架。把拱架材料两端插入土中，间距0.6～0.8米，上面覆盖一整块塑料薄膜，四周卷起埋入土中。跨度大的小拱棚，可将两根拱架粗端分别插入土中，中间用塑料绳捆绑连接起来。为了提高小拱棚的强度，每隔3米设一个立柱，顶部用一道细木横梁支撑拱架。见图9、图10。

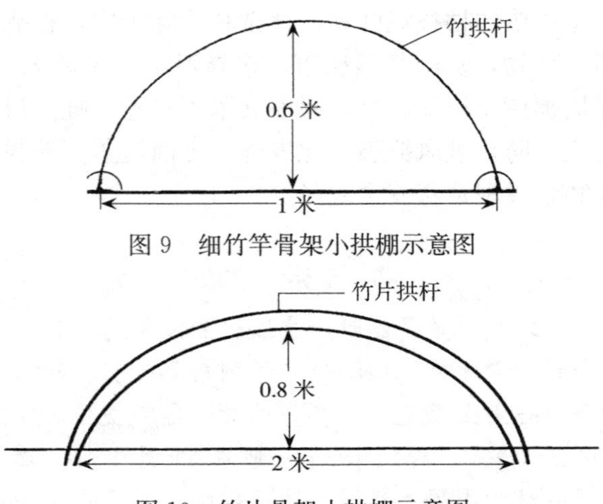

图9　细竹竿骨架小拱棚示意图

图10　竹片骨架小拱棚示意图

如果用细钢筋作小拱棚骨架，应先将钢筋弯成拱形，两端插入土

中，钢筋间距 1 米。跨度为 1 米的小拱棚，用 $\phi 12$ 钢筋作拱架；跨度为 2 米的小拱棚，用 $\phi 14$ 钢筋作拱架。

小拱棚由于容积小，晴天升温快，夜间降温也快，遇到寒流强降温，棚内外温差小。所以，小拱棚生产草莓时，既要防止白天的高温危害，又要防止夜间低温的冻害。

提　示　板

小拱棚的规格有两种：一种跨度为 1.0 米，高度 0.6～0.8 米；另一种跨度为 2 米，高度为 0.8～1.0 米。小拱棚的材料有竹竿、竹片和钢筋。小拱棚可单独使用，也可在大棚或温室内套用来提高北方棚室的温度，防止极寒天气冻害发生。

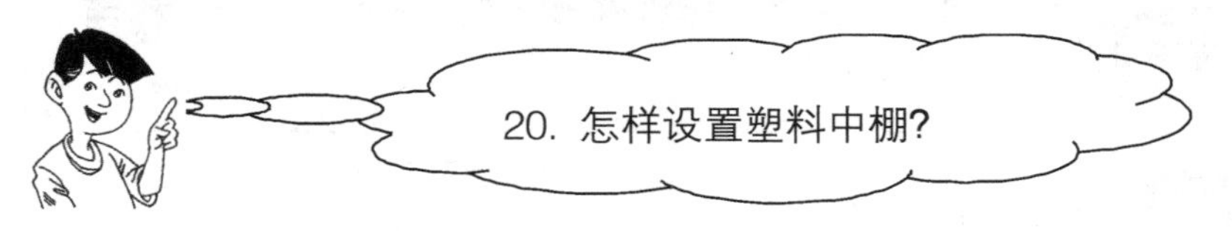

20. 怎样设置塑料中棚?

塑料中棚与大棚相似，区别只是大小规格和立柱多少不同。中棚跨度为 5～6 米，高 1.8～2 米，长 15～20 米，也有达到 30 米左右的中棚。中棚面积小，在北方受外界温度影响较大，保温效果不如大棚，但中棚因其面积小，便于进行外保温，在北纬 40° 以南地区冬季可进行草莓栽培。见图 11、图 12。

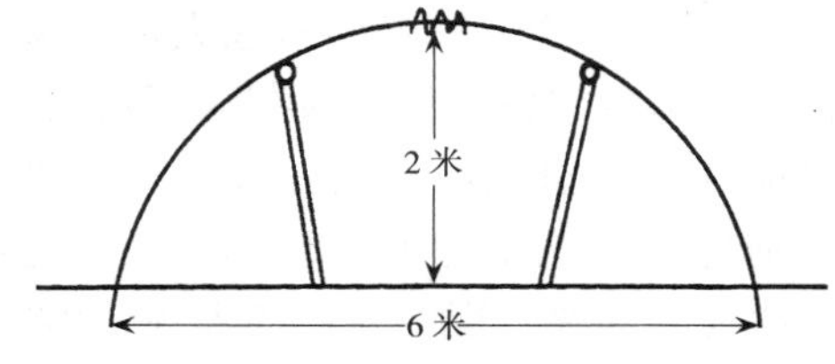

图 11　竹木结构双排柱中棚

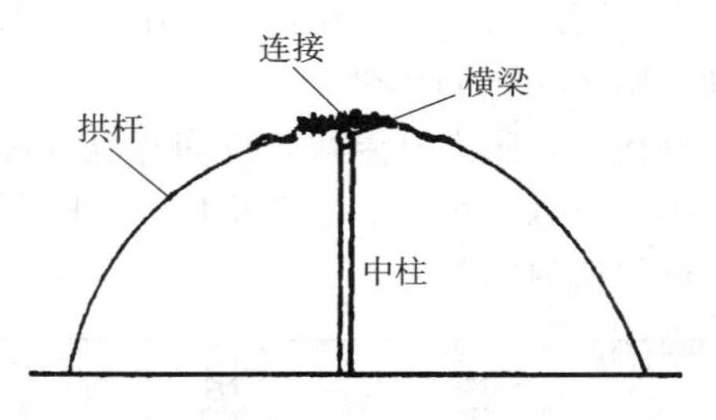

图 12　竹木结构单排柱中棚

提　示　板

中棚一般跨度为 5～6 米，高 1.8～2.0 米，长 15～20 米。中棚除了直接应用外，还可用在大棚、温室中进行内保温。该设施内部容量较小，积蓄热量少，保温效果一般，南方应用较多，北方应用较少。

21. 塑料大棚怎样设计和建造?

塑料大棚骨架多为竹木结构，以竹竿为拱杆，靠很多立柱支撑，其稳定性好，但立柱多，不便于作业。悬梁吊柱大棚，减少了 2/3 以上立柱，用小吊柱代替大部分立柱，但建筑截面积较大，遮光比较多。竹木结构大棚主要优点是造价低，一次性投资少，见效快。但是，每年需要维修，特别是立柱埋在土中，2～3 年后就会腐朽，更换时比较费工。为了解决这一问题，现在建造的大棚，多用水泥柱代替木杆立柱。目前很多地方已建起钢管骨架无柱大棚，它具有坚固、遮光少等优点，

是大棚主要发展趋势。

（1）竹木结构大棚 跨度12～14米，中高2.4～2.7米，长50～60米。以竹竿为拱杆，木杆为立柱和拉杆，拱杆间距为1米。用小头直径4～5厘米的竹竿作拱杆，一般用2～3根竹竿作1道拱杆。其方法是：先将2根竹竿的粗头用水浸泡或用火烤后弯成弧形，然后按照跨度把弯曲后的竹竿粗头埋入土中，深度为30厘米，最后用第三根竹竿在中间连接起来，用铁丝拧紧。如果竹竿较长可用两根竹竿直接相连，用铁丝拧紧。拱杆下边等距离分布6排木杆作立柱，中间两根立柱直立埋入土中，两侧的边柱向外倾斜成70°角埋入土中，中柱与边柱之间的腰柱直立埋入土中。为了防止下沉或上浮，在立柱底脚15厘米处钉上20厘米长的横木，与立柱底脚一同埋入地下。在立柱顶端5厘米处钻孔，穿过细铁丝绕过拱杆，把立柱与拱杆固定在一起。在立柱距棚顶25厘米处，捆绑6根纵向拉杆，使各立柱纵向之间连为一体，加固大棚骨架的牢固性。见图13。

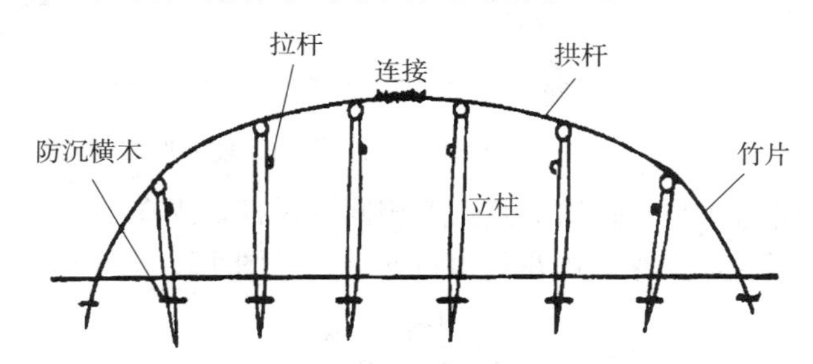

图13 竹木结构塑料大棚示意图

（2）竹木结构悬梁吊柱大棚 用小吊柱代替立柱，小吊柱用长25厘米、粗4厘米的木杆为材料，在小吊柱两端4厘米处钻孔，上端顶住拱杆，用铁线固定住，下端与纵向拉杆用铁线固定。悬梁吊柱大棚因减少立柱数量，所以应增加立柱和拉杆的粗度、强度，其他部分建造与竹木结构大棚相似。见图14。

（3）钢管骨架无柱大棚 跨度10米，中高2.5米，长60～70米，用6分镀锌管作拱杆，用ϕ14钢筋作下弦，用ϕ10钢筋作拉花，

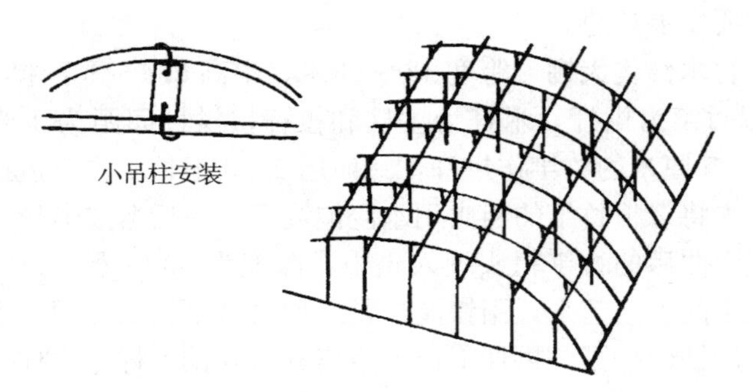

图 14　竹木结构悬梁吊柱大棚示意图

焊成加强桁架。

大棚测量后放线，然后施工浇筑地梁，埋设预埋件（角钢、粗钢筋），以便于焊接骨架。

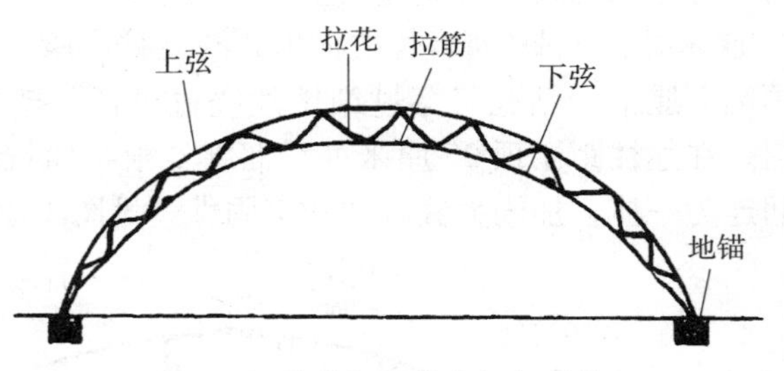

图 15　钢管骨架无柱大棚加强桁架

加强桁架每 3 米 1 道，两排骨架间用 6 分管弯成与加强桁上弦弧度相同的拱杆，焊在地梁上，每根拱杆用 ϕ10 钢筋作支撑，焊在各道拉筋上。见图 15、图 16。

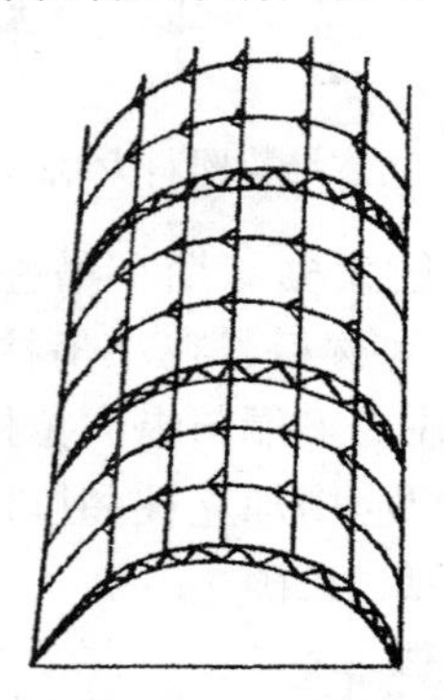

图 16　钢管骨架无柱大棚透视图

提 示 板

大棚按骨架用材可分为竹木结构大棚、竹木结构悬梁吊柱大棚、钢管骨架无柱大棚等几种。它们各有优缺点，竹木结构大棚用材经济，但遮光多；钢管骨架大棚遮光少，但需要资金较多。使用者可根据实际情况选用。

22. 大棚选用哪种薄膜？怎样覆盖和安装棚门？

目前市场大棚覆盖所用的塑料薄膜主要有三种，即聚氯乙烯膜（PVC）、聚乙烯膜（PE）、醋酸乙烯膜（EVA）。三种膜各有其优缺点，可根据具体要求加以选用，但主要应参考它们的透光性、保温性、和耐久性。聚氯乙烯膜比聚乙烯膜保温性、初始透光性、耐久性都好，但价格高，厚度大，单位面积所用的薄膜重量大，消耗资金较多。从两种膜的透光率来看，聚氯乙烯膜开始透光率高，但衰减速度快。开始透光率聚氯乙烯膜为90%，聚乙烯膜也为90%；2个月以后聚氯乙烯膜降为55%，而聚乙烯膜为82%；一年以后，聚氯乙烯膜仅为15%，聚乙烯膜则为58%。为了提高聚乙烯膜的耐久性和保温性，人们在聚乙烯树脂中添加一些抗老化、保温、无滴等功能的添加剂，生产出各种功能性的薄膜，如多层复合保温透光薄膜、漫反射薄膜、转光薄膜等。

薄膜覆盖先用1～1.1米宽，长度超过棚长2米的塑料薄膜，上边卷入麻绳或塑料绳烙合，固定在1米处的拱杆上，下边埋入土中，作为底脚围裙。然后在围裙上覆盖一整块薄膜，一整块薄膜宽度不够时用两幅以上薄膜烙合而成，宽度以盖满围裙以上棚面，并延过围裙 30 厘米左右，长度为棚长加上棚高的 2 倍，再加上埋入土中部分 0.5 米。把烙合好后的薄膜卷起放在大棚骨架最高处，向两侧放下，将两端拉紧埋入两端土中踩实。将两侧拉紧，延过围裙。在每两根拱杆间压一道压膜线，压膜线用 $8^{\#}$ 铁丝或尼龙绳，两端固定在预埋的地锚上，用紧线器拉紧。地锚可用 $8^{\#}$ 铁丝作套，下边拴一块红砖埋入土中 30 厘米深处，铁丝套露出地面。薄膜覆盖应选无风的晴天进行。

在覆盖薄膜前安装棚门，在大棚两端拱杆中间设立门框，门框基部埋入土中，上边固定在拱杆上。先不安装棚门，待覆盖薄膜后，在门框中间用刀将薄膜切开成“T”字形口，把薄膜两边卷在门框上，上边卷在门的上框上，用小木条钉住，然后再将门安上。

提　示　板

塑料薄膜主要有三种，即聚氯乙烯膜(PVC)、聚乙烯膜（PE)、醋酸乙烯膜（EVA)。聚氯乙烯膜开始透光率高，但衰减速度快；聚乙烯膜开始透光率低，但衰减速度慢。

覆盖时先覆盖围裙，后覆盖棚面，覆盖前要算好尺寸，覆盖后要拴好压膜线，棚门在覆盖完薄膜后安装。

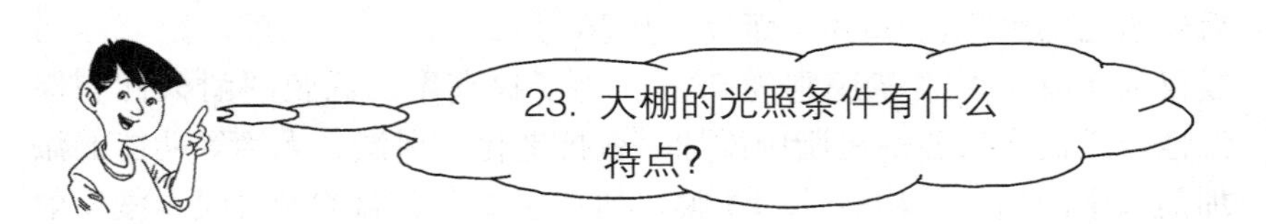

塑料大棚是全透明的保护地设施，没有外保温设备，见光时间完全与露地相同，不具备调节光照时间长短的功能。由于各个部位都能透光，所以作

物生长比较整齐。

塑料大棚内的光照强度始终低于露地，一般棚内 1 米高的光照强度只有露地的 60%左右。光照强度减少的原因除了与建筑材料（拱杆、立柱和拉杆）的遮光有关外，还与棚膜的质量有关。竹木结构大棚，建材截面大，立柱多，遮光面大，光照强度低；钢架无柱大棚遮光面少，光照强度明显增强。据测定，假定露地相对光照为 100%，钢架无柱大棚光照强度为 72%，而竹木结构大棚只有 62.5%。普通薄膜，由于棚内外温差影响，造成棚膜内表面附着水滴，透光率明显下降，无滴膜透光率较高。新膜透光率高，老化膜透光率低；厚度均匀一致的薄膜透光率比不均匀的高。

大棚内的光照强度随着季节和天气的变化而变化。外界光照强的季节，棚内的光照也强。一天中，晴天光照强，阴天光照弱。

塑料大棚内光照强度的垂直分布是：距棚面越近光照越强，距棚面越远光照越弱。大棚内水平方向上不同部位的光照强度不同，南北延长的大棚，上午东侧光照强度高，西侧低；下午正好相反。在一天内，两侧差异不大，但东西两侧和中间各有一个弱光带。东西延长的大棚，平均光照强度高于南北延长的大棚，但棚内南部光照强度明显高于北部，南北最大可相差 20%，水平分布明显不均。

提　示　板

塑料大棚由于材料的遮挡，光照强度明显弱于自然光，竹木结构的大棚只有自然光的 62.5%，钢筋骨架大棚也只能达到自然光的 72%。所以，棚膜应选择透光率较高的无滴膜有利于草莓的生长发育。

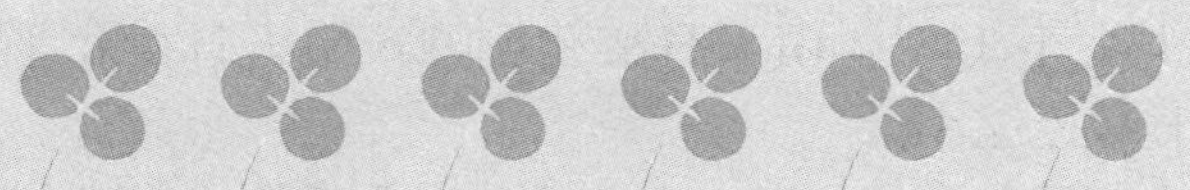

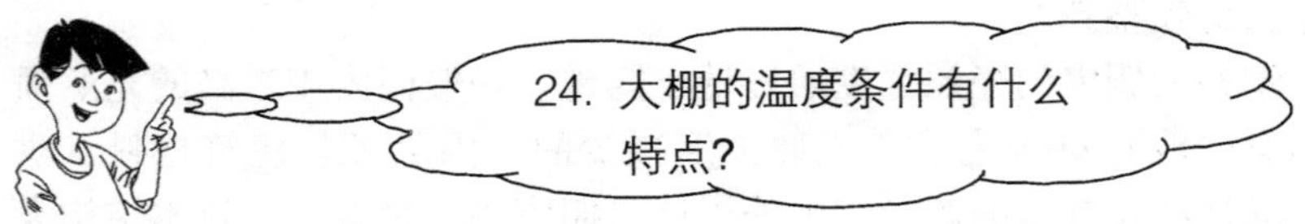

影响草莓生长发育的温度主要是棚内的气温和地温。生产上可根据棚内温度变化特点加以调控，满足草莓生长发育需要。

(1) 气温 大棚内的气温明显高于露地。早春大棚升温快，最高气温可比露地高 15℃以上，并且高温时间较长，对提早栽培极为有利。大棚内外最高气温的差异受天气条件的影响，晴天差异极为明显，多云天气和阴天差异不明显。见表 2。

表 2 大棚内外最高气温比较表（℃）

天气	大棚内	大棚外	内外温差
晴天	38.0	19.3	18.7
多云	32.0	14.1	17.9
阴天	20.5	13.9	6.6

早春，在大棚密闭条件下，当露地最低气温稳定通过－3℃时，大棚内最低气温一般不低于 0℃，多数喜温作物可以定植。

大棚内气温的日变化规律与露地基本相似。最低气温出现在凌晨，日出后随太阳升高棚内温度也随之上升，8～10 时上升最快，密闭条件下，每小时升高 5～8℃，有时超过 10℃，棚内最高气温出现在 13 时，比露地稍早。14 时后开始下降，每小时下降 3～5℃，日落前下降最快。大棚气温日变化比露地强烈，日较差也比露地大。3～9 月，日较差超过 20℃；12 月下旬至第 2 年 2 月，日较差多在 10℃以上，但很少大于 15℃。晴天日变化剧烈，阴天日变化平缓；浇水、通风可使日较差缩小。

大棚内不同部位的气温也有差异。南北延长的大棚，午前东部气

温高于西部，午后相反，温差为1～3℃。夜间大棚四周气温低于中部，所以一旦发生冻害，大棚边缘首先出现。

（2）地温 塑料大棚空间大，热容量多，地温升高后比较稳定，保温效果比较好。大棚浅土层地温的日变化与气温变化基本一致，地面温度的日较差可达30℃以上，5～20厘米的日较差远远小于气温的日较差，且位相落后。土层越深位相越迟，日较差越小。早春上午5厘米地温往往低于气温，傍晚高于气温。浅层地温高于气温的情况能维持到日出之后，气温的最低值一般出现在凌晨，但这时地温比气温高，对作物生育有利。

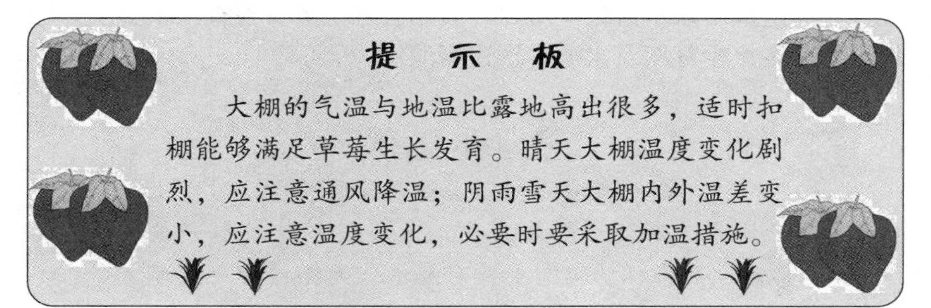

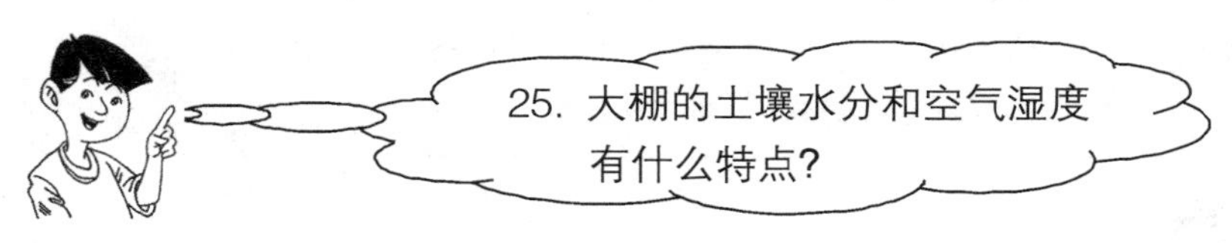

大棚内空气的水分来自于土壤水分的蒸发和作物的蒸腾。塑料薄膜封闭性好，水分不易散出，尤其在早春进行草莓生产，为了提高温度，通风量很小，水汽在棚内逐渐积累，形成一种比较稳定的高湿环境。大棚内空气相对湿度，白天多在60%～80%，夜间在90%以上。

大棚内空气相对湿度的变化规律是：空气相对湿度随着棚温的升高而降低，最低值一般出现在13～14时，夜间又随着棚温的降低而升高，最高值出现在凌晨。白天、晴天空气相对湿度变化剧烈，夜间、阴雨（雪）天空气相对湿度比较平稳，浇水后湿度增加，通风后湿度下降。草莓因空气相对湿度过大影响授粉受精，容易发生病害。所以，浇水后要及时加强通风，降低空气相对湿度，以减轻病害的发生和提高授粉受精率。采用高垄覆盖地膜方式栽培，是防止空气湿度过高的有效措施。

大棚内的土壤水分主要来自人工灌溉，不受自然降水的影响。由于空气湿度大，土壤蒸发量小，土壤湿度也比较大。另外，大棚薄膜在夜间时常凝聚大量水珠而降落到地面上，造成大棚局部土壤泥泞潮湿，容易造成不缺水假象。所以，大棚管理上要常检查土壤湿度，应根据草莓各个生育期对水分需求适当灌水。

提　示　板

大棚内土壤的水分主要来自于灌水，对于土壤墒情要经常检查，防止地表假象造成水分缺乏，要根据物候需要及时灌水。大棚内空气湿度较高，一般昼夜平均达到80%左右，不利于授粉受精。大棚在开花期应注意放风降低空气湿度，满足授粉受精对湿度的要求。

26. 大棚的气流运动有什么特点?

大棚气流运动有两种形式：一种由地面上升，汇集到顶部的气流称为“基本气流”；另一种是由基本气流汇集而成，沿棚顶形成一层与棚顶平行的气流，它不断向棚中央最高处流动，最后折向下方流动，补充到地面，填补了基本气流上升后形成的空隙，这种气流称为“回流气流”。

基本气流的运动方向，易受外界风向的影响，其方向与外界风向相反。大棚密闭时，基本气流的流速很低。大棚通风后，基本气流受到外界风速影响，流速很快提高，流经草莓叶层的新鲜空气量也增多。大棚内不同部位，基本气流的流速也不同，大棚中心部位及大棚两端的流速都低，因此这些部位地面蒸发和草莓叶片蒸腾的水分不容易散失，相对湿度较高，叶片结露时间长，往往成为病害的发源地。大棚两侧靠近通风口和出入口气流运动速度快，通风好，病害就轻。所以，大棚通风非常重要。

大棚在密闭不通风情况下，回流气流从棚顶中央向地面回流，补充基本气流上升后形成的空隙。流线型大棚在两侧未通风时，回流气流厚度较小，通侧风后，气流厚度显著增加，流速也加快。在多云的天气，往往由于强烈的太阳光突然露出云层照射棚面，回流气流经过棚顶时，被迅速加热升温，当其返回地面时，会使大棚的气温突然升高，剧烈的温差易造成植物萎蔫，所以，遇到这种天气要注意通风。从回流气流运动规律看，在大棚顶部和两侧，分别设置一条通风带，有利于通风换气。大棚较高时，顶部通风有困难，可在两侧扒缝通风。

春季外界温度较低，大棚内外温差大，不宜通风，特别是通底脚风，易使草莓遭受低温危害。草莓在开花期，选择比较好的天气适当通风，加速空气流动，减少空气相对湿度，有利于花粉传播，提高坐果率。

提　示　板

大棚内的气流根据流动走向分基本气流和回流气流。大棚由于封闭，气流不畅通，流速慢，与外界不交换，所以空气湿度大。在草莓开花期应通风，降低湿度。在阴天后骤晴时，要防止棚内发生温度骤变，及时放风，或通过喷水降低室温，以利草莓的生长发育。

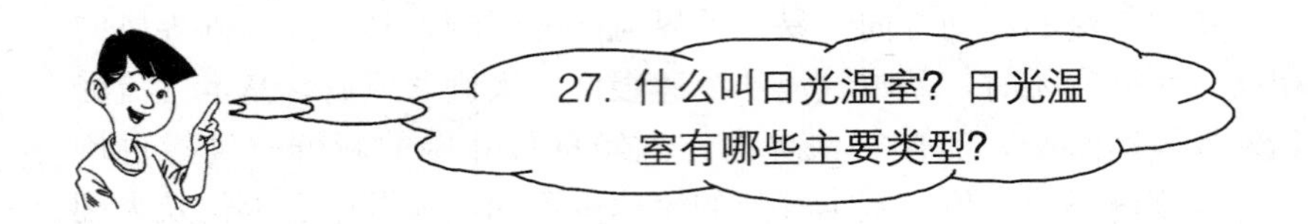

日光温室是指温室的热能来自太阳辐射，不仅白天的光和热来自太阳辐射，夜间也全靠白天蓄积的热量，不进行人工加温，冬季就可进行各种园艺作物生产的一种保护地设施。

日光温室的结构类型很多，不同地区用不同的结构形式，名称也不尽相同。依照前屋面结构形状，主要分为两大类：一类是一斜一立式屋面，多分布在辽宁的南部和山东、河南、江苏一带；另一类是半拱形屋面，多分布在辽宁的中北部、黑龙江、吉林、山西、内蒙古、河北、宁夏一带。

（1）一斜一立式日光温室 跨度7～8米，脊高2.5～3.1米，后屋面水平投影1.2～1.5米，前立窗高0.6～0.8米，长度60～80米，最长可达100米。见图17。

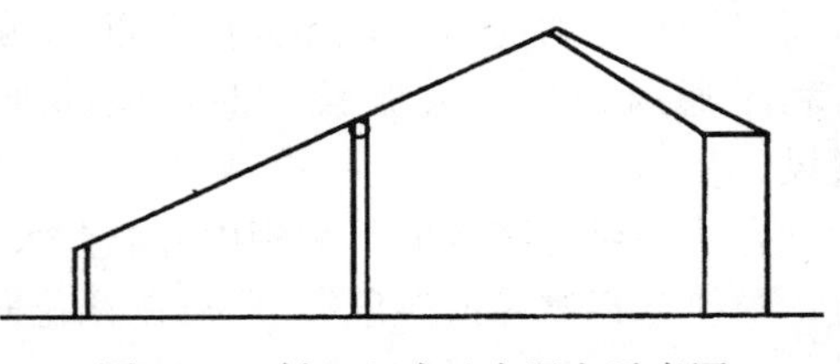

图17 一斜一立式日光温室示意图

这类温室采光好，升温快，保温性能好，结构简单，造价低，但前部较矮，薄膜不易压紧。

（2）半拱形温室 其跨度、高度及长度与一斜一立式温室基本相同，主要区别是前屋面的构型为半拱形。这种温室采光性能好，屋面薄膜容易被压膜线压紧，抗风能力强，空间大，对高棵作物栽培有利。见图18。

日光温室的结构主要有竹木结构、钢管结构和混合结构（竹木结构木柱由水泥柱替代）。竹木结构温室主要优点是造价低，建造容易，

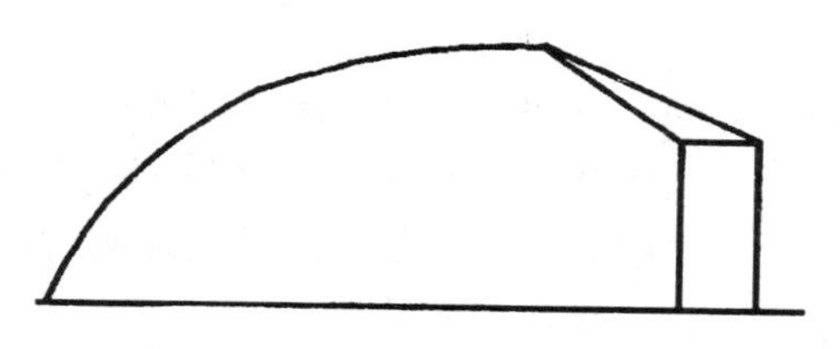

图 18　半拱形日光温室示意图

就地取材，充分利用农副产品，保温效果也比较好；缺点是立柱多，遮光，作业不方便，每年需要维修。钢管无柱日光温室，牢固耐用，遮光少，但造价较高。

提　示　板

日光温室依据前屋面的构造分一斜一立式和半拱形式两种。前者保温好，采光好，但不利于高棵植物栽培。后者牢固，利于高棵植物栽培。

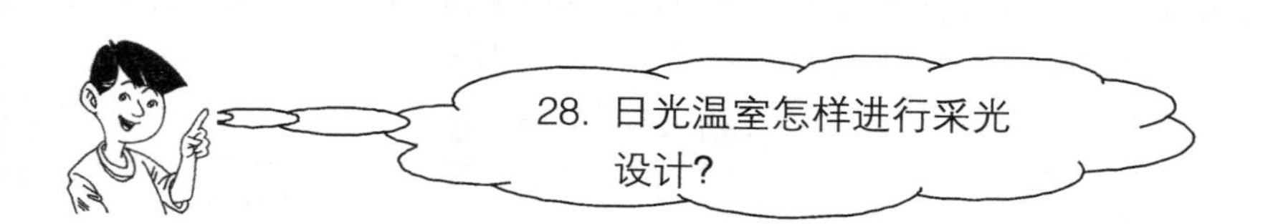

28. 日光温室怎样进行采光设计?

太阳辐射是日光温室热能的基本来源，又是草莓光合作用的能量来源。日光温室生产，是在全年中光照时间最短、光照强度最弱的严寒冬季里进行。要想满足草莓正常生长发育的需求，必须最大限度地把太阳光辐射引到温室中来，因此，搞好日光温室的采光设计是日光温室冬季生产的关键。

科学的采光设计包括确定温室的方位角、前屋面采光角、后屋面采光角等参数。

（1）方位角 我国北方地区的日光温室主要在冬季、春季和秋季三个季节进行生产，其中冬季生产为主。冬季日出东南，日落西南，太阳高度角小，为了争取太阳辐射更多地透入温室内，在建造日光温室时，宜采用东西延长、坐北朝南的方向。

方位角为正南时，正午的太阳光与温室前屋面垂直，此时透入温室内的太阳光最多，强度最大，温度上升也最快，对栽培作物的光合作用最有利。如果南偏东5°，则太阳光与温室前屋面垂直提前20分钟；如果南偏西5°，则延晚20分钟。由于作物的光合作用上午最旺盛，温室方位角采取南偏东5°对光合作用有利。但是在高纬度地区，冬季早晨外界气温最低，提早揭苫，温室温度下降较快，所以北纬40°左右地区，以正南的方位角比较好，40°以北地区以南偏西5°为宜，以利于延长下午的光照蓄热时间，为夜间贮备更多的热量。早晨外界气温不是很低的地区，采用南偏东5°的方位角也可以。但是不论南偏东还是南偏西，均不宜超过10°

测定方位角可用罗盘，但是指南针所指的正南不是真子午线，而是磁子午线，真子午线与磁子午线之间存在磁偏角。由于我国各地区经纬度不同，磁偏角不同，必须进行矫正。见表3。

表3 我国不同地区的磁偏角

地区	磁偏角（D）	地区	磁偏角（D）
漠河	11°00′（西）	长春	8°53′（西）
齐齐哈尔	9°54′（西）	满洲里	8°40′（西）
哈尔滨	9°39′（西）	沈阳	7°44′（西）
大连	6°35′（西）	赣州	2°01′（西）
北京	5°50′（西）	兰州	1°44′（西）
天津	5°30′（西）	遵义	1°25′（西）
济南	5°01′（西）	西宁	1°22′（西）
呼和浩特	4°36′（西）	许昌	3°40′（西）

（续）

地区	磁偏角（D）	地区	磁偏角（D）
徐州	4°27′（西）	武汉	2°54′（西）
西安	2°29′（西）	南昌	2°48′（西）
太原	4°11′（西）	银川	3°35′（西）
包头	4°03′（西）	杭州	3°50′（西）
南京	4°00′（西）	拉萨	0°21′（西）
合肥	3°52′（西）	乌鲁木齐	2°44′（东）
郑州	3°50′（西）		

（2）前屋面采光角　半拱形温室从温室最高点向前底脚连成一条斜线，与地面的交角为前屋面采光角；一斜一立式温室计算采光角是从前立窗上端引平行线与前屋面斜线的交角。根据各地日光温室多年生产实践，全国日光温室协作网专家组提出了合理时段采光设计，即采光的前屋面角度为当地纬度减去6.5°，即北纬40°地区以33.5°为适宜，最小不小于30°。一斜一立式温室一般前立窗高0.8米，在跨度和高度不变的情况下，抬高前立窗就减小了屋面角，降低前立窗就加大了屋面角。半拱形日光温室前屋面采光角应为55°～60°，由前底脚向中部每米设一个切角，1米处切角30°～35°，2米处25°～30°，3米处20°～25°，4米处15°～20°，5米处不小于15°。如图19、图20。

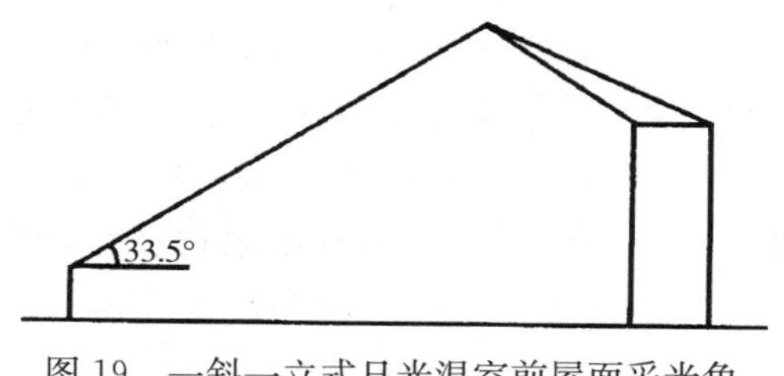

图19　一斜一立式日光温室前屋面采光角

（3）后屋面采光角　日光温室后屋面仰角，受后墙高度、后屋面

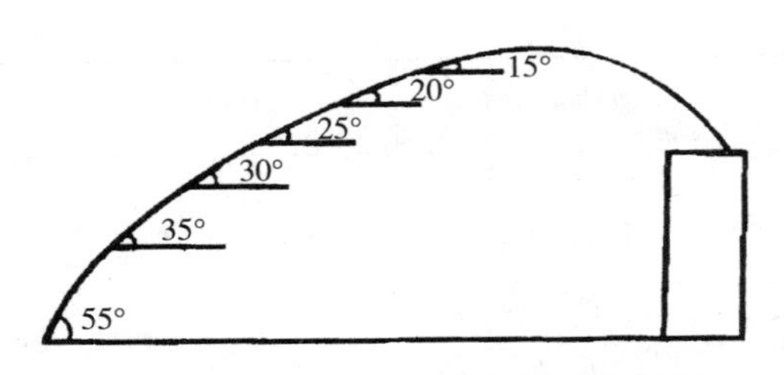

图 20　半拱形日光温室前屋面采光角

长度及中脊高度的制约。在一定的后屋面长度和中脊高度情况下，后墙抬高仰角缩小，后屋面平坦，在最寒冷的冬至前后，后墙部位见不到太阳光，温度上升慢；后墙降低，仰角抬高，光照条件良好，但后屋面过陡，作业不方便。

从有利于采光考虑，后屋面仰角应以当地冬至日的太阳高度角为依据，比太阳高度角增加 5°～7°。如北纬 40°地区，建造一个日光温室，后屋面仰角应为 26.5°＋（5°～7°）＝31.5°～33.5°比较合适。

提　示　板

采光设计是提高温室热容量重要技术措施。日光温室设计指标有方位角、前屋面采光角、后屋面采光角。根据冬季日照与温度变化特点，经过科学计算，方位角以纬度 40° 为基准，纬度 40° 地区对准正南；低于 40° 偏东 5° ；高于 40° 偏西 5° 。采光角，一斜一立式为纬度减去 6.5° ；半拱形式基部为 55° ～60° ，前底脚到棚顶角度逐渐减小，棚顶部位为 15° 。后屋面采光角应以当地冬至日的太阳高度角为依据，比太阳高度角增加 5° ～7° 。

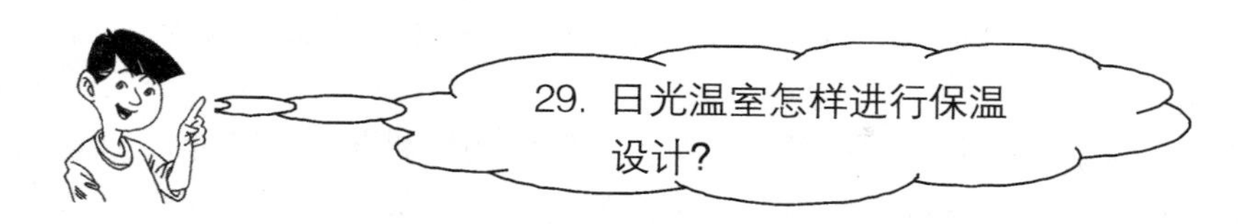

29. 日光温室怎样进行保温设计?

日光温室的保温设计，首先要考虑太阳光最大限度地进入温室，为热量积蓄奠定基础，然后要了解温室内的热量是怎样释放到室外的，有针对性地减少和减缓放热速度，把热量保存住，满足作物生长发育对温度的需求。日光温室热量散失的途径有三种，即贯流放热、缝隙放热和地中放热。见图 21。

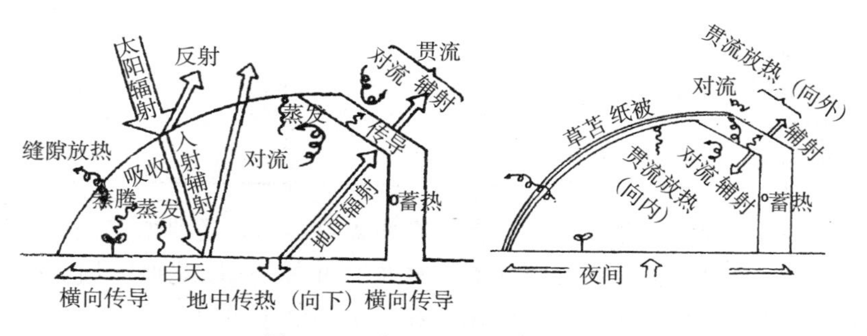

图 21　日光温室热平衡示意图

（1）贯流放热　日光温室内获取的太阳辐射能转化为热能以后，以辐射和对流方式传导到与外界接触的各种保护结构的内表面（即后墙、山墙、后屋面、前屋面薄膜），然后由内表面传导到外表面，再以辐射和对流方式把热量散失到大气中去，这种放热过程叫贯流放热，也称透视放热或表面放热。

减少贯流放热的措施主要是降低各种保护结构的导热系数。竹木结构的日光温室，土垒墙的厚度达到墙体总厚度的 40%～50%，后屋面由碎秸秆做成草泥进行箔抹。钢管骨架日光温室，墙体最好采取异质复合结构，用红砖砌成夹心墙，内外墙砌 24 厘米厚的红砖，中间填充珍珠岩、煤炉渣和苯板等。墙外培土也属于异质复合结构。

导热系数最大、放热最多，应为前屋面的塑料薄膜。因此，加强保温覆盖是日光温室不加温冬季生产的关键。一般夜间覆盖5厘米厚的草苫，北纬40°以北地区在寒冷的天气加盖4～6层牛皮纸制成的纸被，或覆盖双层草苫，还可在室内设天幕，夜间覆盖，白天拉开。覆盖纸被、草苫的保温效果见表4。

表4 日光温室覆盖草苫、纸被的保温（℃）效果

温度条件	早4时温度	室内外温差	加草苫增温	加纸被增温
室外	－18.0	—	—	—
不盖草苫、纸被	－10.5	＋7.5	—	—
加盖草苫	－0.5	＋17.5	10.0	—
加盖草苫、纸被	＋6.3	＋24.3	11.2	6.8

低纬度地区，冬季雨雪较多，在覆盖草苫后，还要增盖一层防雨薄膜，防止草苫被浸湿而影响保温效果。北纬40°以北地区加盖的纸被，一旦被雨雪浸湿会影响使用寿命，也不便于揭盖。

（2）缝隙放热 日光温室的墙体缝隙、后屋面与后墙交接处的缝隙、前屋面薄膜的孔洞及进出口，都会以对流的方式把热量传送到室外，这种放热现象叫缝隙放热。

减少缝隙放热的措施有：建造时保护结构要严密无缝，进出口要设作业间，温室的门口要挂棉门帘，前屋面薄膜有孔洞时要及时粘补好。

（3）地中传热 白天透入室内的太阳辐射能，一部分以长波辐射传导，使室内空气温度升高；大部分传导到地下贮存于土壤中，由于室外和深层土壤温度低，温室中的土壤热量就会横向与纵向传导，使热量损失，所以称地中传热。

减少地中传导的措施是：增加墙体厚度；在前屋面底脚外挖 1 条深 50～70 厘米、宽 30～40 厘米的防寒沟，衬上旧薄膜，内装杂草或马粪，然后培土踩实。温度低的地区，可适当增加防寒沟的深度和宽度。

提　示　板

日光温室热量散失的途径有三种，即贯流放热、缝隙放热和地中放热。贯流放热是后墙、山墙、后屋面、前屋面薄膜向外传导热量，应采取加厚墙体、墙体内放填充物、前屋面覆盖草苫和纸被等措施减少放热量。对于缝隙放热，在建筑时要密接缝隙，温室的门口要挂棉门帘，前屋面薄膜有孔洞时要及时粘补好。地中传热可通过挖防寒沟阻止。

30. 钢管骨架无柱日光温室怎样建造?

（1）骨架制作　用 6 分镀锌管作上弦，$\phi12$ 钢筋作下弦，$\phi10$ 钢筋作拉花，按前屋面和后屋面形状做好模具，焊成片状骨架。见图 22。

（2）筑墙　钢管骨架无柱日光温室有两种墙体，一种是红砖砌筑夹心墙，内外墙间距 11 厘米。先砌 24 厘米厚内墙，然后立放 5 厘米厚、1 米宽、2 米长的聚苯板两层，错开摆放，然后再砌外墙，外墙 24 厘米或 12 厘米厚。外墙皮抹水泥砂浆，内墙皮抹白灰。后墙顶部浇筑钢筋混凝土梁，并按距离埋设预埋件，以便焊接骨架。

另一种是土墙，用推土机将后墙、山墙推成2米宽的坝，夯实，内侧用铁锹切齐，外侧呈坡形。在后墙部位按1米间距埋10厘米×10厘米的水泥预制柱，顶部露出钢筋头，以便焊接骨架。预制柱于土墙内，除了支撑骨架外，还有加固后墙的作用。

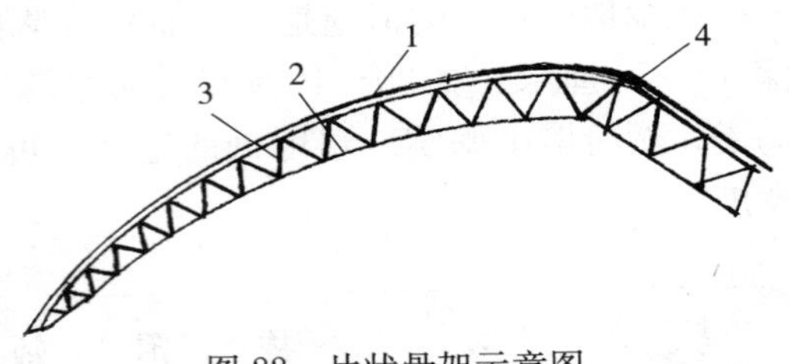

图22　片状骨架示意图

1. 6分镀锌管（上弦）　2. ϕ12钢筋（下弦）　3. ϕ10钢筋　4. ϕ 12钢筋

(3) 安装骨架　在前底脚处浇筑钢筋混凝土地梁，地梁上焊一道角钢，钢管骨架上端焊在顶梁预埋件上，下端焊在地梁的角钢上。在骨架的下弦上用ϕ14钢筋焊3道拉筋。在两排骨架中间地梁的角钢上，用ϕ6钢筋焊一个钢筋圈，以便拴压膜线。

土筑墙体温室，骨架上端焊在预制柱顶部露出的钢筋上。

(4) 建造后屋面　永久式温室在顶梁外侧用红砖砌筑8层（高约0.5米）作为女儿墙，在骨架上铺2厘米的木板箔，木板箔上铺5厘米厚的聚苯板，上面铺一层5厘米厚的稻草苫，用炉渣将女儿墙与中脊间形成的三角区填平，抹水泥砂浆进行防水处理。

土筑墙的温室，用细竹竿或高粱秸作箔，抹草泥，上面再抹沙子泥，覆盖乱草和玉米秸防寒。进入伏雨季节，后屋面用旧薄膜覆盖以防雨水冲坏土质后屋面。

图23为跨度7.5米、脊高3.5米的红砖夹心墙永久式钢管骨架日光温室示意图。

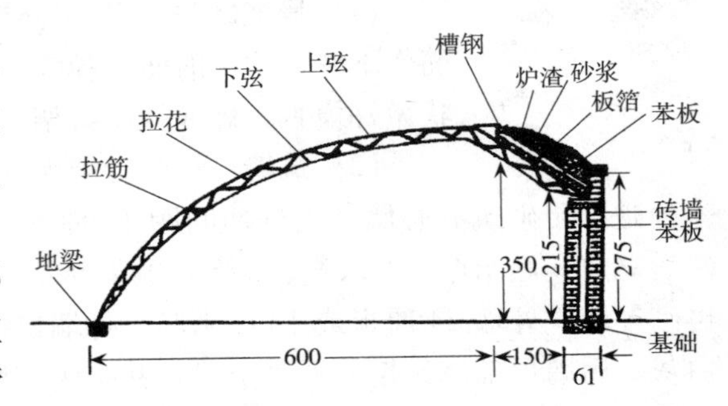

图23　钢管骨架无柱温室示意图（单位：厘米）

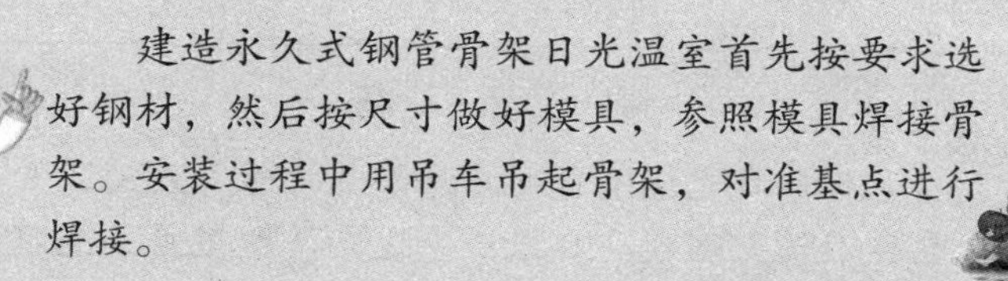

提　示　板

建造永久式钢管骨架日光温室首先按要求选好钢材，然后按尺寸做好模具，参照模具焊接骨架。安装过程中用吊车吊起骨架，对准基点进行焊接。

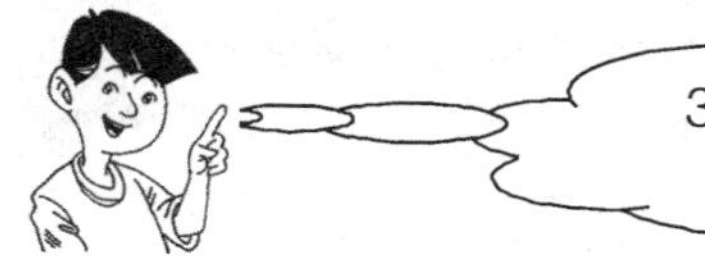

31. 日光温室应选用哪些薄膜？怎样覆盖？

目前，日光温室普遍应用聚乙烯长寿无滴膜和聚氯乙烯无滴膜。乙烯-醋酸乙烯膜将成为今后的换代产品，现在只是处于试用阶段。

（1）聚氯乙烯无滴膜　这种薄膜透光率高，水滴不落在作物上，减轻草莓的生理障害和侵染性病害的发生。保温性也比较好，适于北纬40°以北地区使用。缺点是衰减速度快，经过高温强光，透光率下降明显；耐高温能力差，强光照射下，膜面易松弛，如遇大风容易出现破损。

（2）聚乙烯长寿无滴膜　在聚乙烯长寿膜的原料中加入防雾滴剂，使其具备既无滴又耐用的优点。该种膜质轻、透光率衰减慢，但开始透光率和保温性能不如聚氯乙烯无滴膜。

（3）聚乙烯紫光膜　在聚乙烯长寿无滴膜的基础上加入紫色颜料，吹塑成紫色膜。它具备聚乙烯长寿无滴膜的优点，又可使草莓、紫茄子、番茄等着色好，采收期提前，增加产量。

紫光膜由于长波辐射透过快，白天升温快，夜间降温也迅速，保温能力较差，需要加强前屋面的保温措施。

日光温室进行薄膜覆盖，先覆盖底脚围裙，方法同大棚。围裙上部覆盖一整块塑料薄膜，顶部卷入木条，固定在屋脊上，下边延至过围裙 30 厘米，每根拱杆间设一道压膜线。

提 示 板

目前日光温室普遍应用聚乙烯长寿无滴膜和聚氯乙烯无滴膜。日光温室进行薄膜覆盖，先覆盖底脚围裙，后覆盖前屋面。顶部卷入木条，固定在屋脊上，下边延至过围裙 30 厘米。覆好膜后及时拴压膜线，以防被风刮开。

32. 日光温室前后栋距离该多远?

日光温室前后栋距离的测算以冬至前后，前排温室对后排温室不构成遮光为基准，使后排温室在日照最短的季节里每天能有 6 小时以上的光照时间。

计算前后排温室距离，用粗略的方法计算，是从温室最高透光点（含卷起草苫高 0.5 米）向地面引垂线，垂线与地面的交叉点距后排温室前地脚的距离为高度的两倍，外加 1.5 米后坡面垂直距离。

例如：温室的高为 3.5 米，加上卷起的草苫直径（高）0.5 米，即总高 4 米，其 2 倍则为 8 米，再加上 1.5 米后坡面垂直距离则为 9.5 米。减去后屋面水平投影 1.5 米和后墙厚度 0.61 米，则后排温室前底脚至前排温室后墙根的实际距离为 7.39 米。如果后墙厚度是 1.5 米，则距离为 6.5 米。

另有用公式进行计算的，其公式为：

$$L=\frac{H_1+H_2}{\mathrm{tg}h+\cos(A-B)}-(L_1-L_2)$$

式中：L：两座温室间距；H_1：温室脊高；H_2：卷起的草苫高度；L_1：后屋面投影长度；L_2：后墙厚度；h：冬至上午太阳高度角；A：太阳方位角；B：温室方位角。

前后栋温室的间距见图 24。

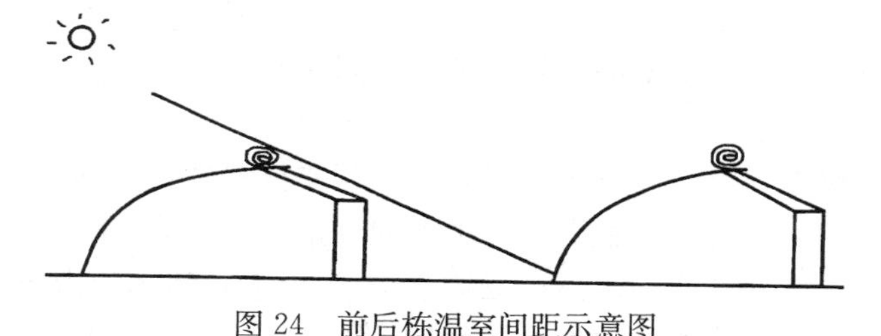

图 24　前后栋温室间距示意图

提　示　板

为了提高土地利用率，温室群的设计要合理。前后排日光温室的距离，以日照最短的冬至那一天互不遮光为准，后排在日照最短的季节里有 6 小时的光照时间。粗略计算方法为：（温室高度＋草苫卷起高度）×2－墙体厚度，所得数值为前栋后墙根与后栋前底脚之间的距离。精确计算用公式。

33. 日光温室需要哪些辅助设备?

日光温室除了科学的采光设计和保温设计、场地选择合理、规划设计科学、建造实用外，还需要一些不可缺少的辅助设备，才能保证正常的运行。辅助设

备包括作业间、输电线路、给水设备、卷帘机、辅助加温设备等。

（1）作业间 日光温室设置作业间可供管理人员休息，放置小农工具、生产资料，进行产品分级、包装。进出温室经过作业间，可减少缝隙放热。

作业间设在山墙外，以靠近道路的一侧为适宜，以便于运输产品。作业间应在建造温室的同时进行，面积为20～30米^2，作业间通向温室的门应紧靠温室后墙。

（2）给水设备 进行田间规划时，就要打深井，建水塔或大型贮水池，埋设地下管网。水塔和贮水池的容量不少于50米^3，需自动上水，出水口与温室地面的高程差达到10米以上，送水压力达到0.1～0.2兆帕。大温室群需三级管道，由干管、分管和支管组成。干管设在温室群的一端，每排或每两排温室设1分管，每栋温室设1支管。干管和分管最好用铸铁管，支管用钢管或高压聚乙烯管。干管内径150毫米，分管内径100毫米，支管内径37.5～50毫米。水管需埋在冻土层以下，输水管需用尼龙纱过滤，以防泥沙堵塞。

（3）输电线路 日光温室的作业间需要照明，灌溉系统和自动卷帘机也需要用电。输电线路应和灌溉系统同时进行规划，地下电缆与地下管网同步设置，既省工又减少开支，还解决了电线杆对温室的遮光。

（4）卷帘机 目前日光温室仍然普遍采用覆盖草苫的外保温。一般温室长80多米，每天早晨卷起草苫，傍晚放下草苫，需要时间较长，在严寒的冬季，卷早了温度低，放晚了也降低温度，要想卷放草苫不影响温度，必须缩短卷放操作时间。因此，利用卷帘机卷放草苫已经得到推广。

卷帘机分为手动式和电动式两种。手动式卷帘机是在后屋面上，每3米设一角钢支架，顶端安装轴承，穿入5厘米直径的钢管，钢管两端焊上摇把，把卷草苫的绳子拴在钢管上，卷放草苫时，由两个人在两端操纵摇把，即可将草苫放下或卷起。手摇卷帘机对于温室长50～60米比较适用。

电动卷帘机，需要一台电动机，连接减速机，接通电源即可操作。利用电动卷帘机卷放草苫，还需要有停电时的手动装置。

提　示　板

日光温室辅助设备包括作业间、输电线路、给水设备、卷帘机、辅助加温设备等。在建造与安装时，要先周密设计图纸，统筹安排。一般作业间要建在作业道一侧，外墙与温室墙齐。在温室附近打深井，管道设备要铺设齐全。各种设备安装好后要试运行。

34. 日光温室的光照条件有什么特点?

日光温室坐北朝南，东西山墙、后墙、后屋面都是不透明部分，只有前屋面接受太阳光。太阳光透过薄膜进入温室，要反射一部分，被薄膜吸收一部分，再加上温室骨架遮掉一部分，进入温室中的太阳光已经减少很多。从光照分布变化来看，水平分布差异不明显，后屋面水平投影以南光照条件最好，距地面 0.5 米高度，光照都为自然光的 60%左右，向南向北差异很小。东西方向上，午前东侧光照弱。午后西侧光照弱，越靠近山墙越弱。所以，日光温室不宜过短。

光照的垂直分布，表现为靠近前屋面薄膜最强，向下递减，靠近薄膜处相对光强为 80%，距地面 0.5～1 米处为 60%，距地面 20 厘米处只有 50%左右。

不同类型的日光温室光照强度不同，见表 5。

为了增加日光温室光照强度可采用无滴膜覆盖前屋面，也可在靠近后墙处张挂反光幕。张挂反光幕方法一般是：把两幅镀铝膜用透明

表 5　不同类型温室光照强度

照度与透光率	时间						
	9 时	10 时	11 时	12 时	13 时	14 时	15 时
室外光照度（万勒）	3.2	5.0	5.1	4.8	4.6	3.5	1.6
半拱形温室光照度（万勒）	1.9	3.4	3.75	3.4	3.1	2.3	0.56
一斜一立式温室光照度（万勒）	1.9	2.5	3.6	3.4	3.0	2.1	0.54
半拱形温室透光率（%）	59.0	68.0	74.0	71.0	67.0	65.0	35.0
一斜一立式温室透光率（%）	59.0	50.0	71.0	65.0	60.0	34.0	33.4

胶布黏接成 2 米宽，在温室后部拉一道细铁线，把反光幕垂直悬挂在细铁线上。当太阳光线照射到反光幕上，被反射到反光幕前的地面上及空气中，光照强度明显增强。

提　示　板

日光温室光照强度水平分布差异不大，后屋面投影以南光照最好。垂直分布以靠近薄膜最强，越靠近地面越弱。为了增加光照强度，可选用无滴膜覆盖，或张挂反光幕。如果一个棚室内种植不同作物，要根据作物需光特点，合理布局。

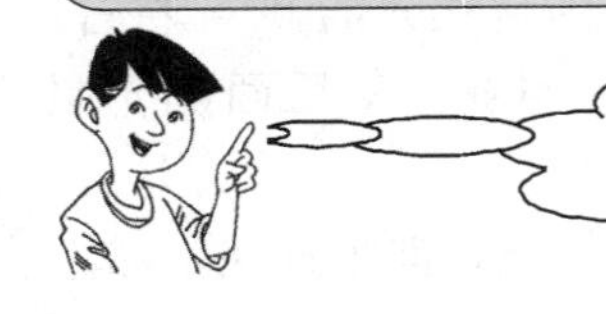

35. 日光温室的温度条件有什么特点?

日光温室内不论气温和地温均明显高于外界，并且越是寒冷季节，外界温度越低时，室内外的温差越大。日光温室的温度来源于太阳辐射能，所以，晴天光照充足时，室内温度上升快，遇到阴天，即

使外界温度不是很低，室内温度也不易升高；反之，外界温度很低的晴天，室内温度升高很快。

(1) 日光温室的地温 我国北方广大地区，进入冬季土壤温度下降很快，地表出现冻土层，纬度越高冻土层越厚。如果日光温室保温、采光设计合理，在室外冻土层深达 1 米时，室内土壤温度也能保持在 12℃以上。从地表到 50 厘米深的地温都有明显增加，但以 10 厘米以上的浅土层增温显著，这种增温效应称之为“热导效应”。

日光温室土壤的温度由于光照的水平分布和垂直分布有差异，各部位接受太阳光的时间和强度不同，表现为 5 厘米土层地温，晴天的白天，中部温度最高，向南向北递减；东西方向上差异不大，靠近门的一侧变化较大，东西山墙内侧温度最低。

冬季日光温室里的土温，在垂直方向上的分布与外界明显不同。温室外部土壤 0～50 厘米的地温随着深度的增加而增加，不论天气如何基本一致。日光温室则不同，晴天上层温度高，下层温度低。阴雨雪天，越靠近地表温度越低，这是因为阴天太阳辐射少，室内气温靠土壤贮存的热量补充，连续 7～10 天阴天，地温只能比气温高 1～2℃，对作物生长不利。

晴天的白天地表温度最高，随深度的增加而递减，13 时达到最高，夜间以 10 厘米深处最高，向上向下均低，20 厘米深的地温白天与夜间相差不大。阴天时，20 厘米深处的地温最高。可见日光温室深翻施有机肥，改善 20 厘米耕作层的吸热、贮热能力非常重要。

(2) 日光温室的气温 受太阳辐射的影响，晴天太阳辐射强，气温上升快，温度高，阴天散射光也有一定的提高，夜间盖上草苫短时间略有回升，以后一直呈平缓下降状态，保温设计合理下降缓慢，下降幅度也小。

日光温室的气温远远高于外界气温，但是与外界温度有相关性。外界气温高，室内气温也高；外界气温低，室内气温也低。但室内外温度不完全呈正相关，有时外界温度很低，但太阳光充足，室内气温仍很高，有时外界温度不太低，却因为阴天，室内气温上升也不多。

提 示 板

日光温室设计合理，室内土壤温度能保持12℃以上，以10厘米深的浅土层增温显著。所以，棚室栽培草莓土壤温度能满足需要。白天地表温度高，晚间以10厘米深处温度高。增施有机肥可以提高土壤吸热与贮热能力，能有效地调控10～20厘米深的土壤温度。

室内外气温不完全呈正相关，但与光照强度有关。所以，阴冷天尽可能少揭草苫保温，晴天要及时揭草苫升温。

36. 日光温室的土壤水分与空气湿度有什么特点?

日光温室的湿度条件包括空气湿度和土壤水分，二者均需要进行控制和调节。土壤水分来自自然降水的贮存与人工灌溉的水。土壤水分的消耗有两个途径：一个是地面的蒸发，另一个是作物叶片的蒸腾。前期作物生长量小，叶面蒸腾量不大，以地面蒸发为主，后期叶面蒸腾量加大，以叶面蒸腾为主。由于作物叶片的蒸腾和地面蒸发，导致空气湿度很大。

（1）土壤水分 冬季日光温室封闭性好，又很少通风，水分

散失少，再加上温度较低，浇水量又少，土壤深层水分不断通过毛细管上升进行蒸发，即使土壤水分已经不足，但地表仍呈湿润状态，如果缺乏管理经验，往往会误认为不缺水，进而会影响作物生育。

日光温室的土壤水分，与季节和天气有关。冬季温度低，作物生长量小，通风量也小，水分消耗少，浇水后土壤湿度迅速增加，且持续时间长；而春、秋两季，气温高，光照强，作物生长旺盛，蒸发量大，通风时间也相对较长，水分消耗多，浇水后持续时间较短。水分的消耗量，一天中白天大于夜间，晴天大于阴天。

（2）空气湿度 日光温室由于不容易与外界空气产生对流，所以空气相对湿度比较大。特别是在很少通风的季节，即使是晴天，在夜间和早晨出现90%以上的相对湿度也是常见，有时甚至达到饱和状态。这种高湿状态对多种园艺作物的生长是不利的，极易引起病害的发生和蔓延。因此，降低空气湿度是提高日光温室作物产量和品质的一项重要技术措施。

日光温室中空气湿度的大小，与作物蒸腾、土壤蒸发量和温度有关。叶片蒸腾量与土壤蒸发量大，空气的相对湿度和绝对湿度就大；在一定空气含水量的情况下，温度越高，相对湿度越小。在空气水分得不到补充时，随着温度的升高，相对湿度随之下降。

日光温室相对湿度的变化，与季节和天气变化有关。从季节变化上看，低温季节比高温季节变化幅度大；从天气变化上看，阴天比晴天空气湿度大。一天中，夜间比白天空气湿度大。从管理上看，通风前空气湿度大，通风后变小；灌水前空气湿度小，灌水后空气湿度大。

日光温室进行草莓生产时，水分多，湿度大，不仅易引发病害，还会影响授粉受精，产生过多的畸形果。日光温室的空气湿度调节，可通过通风来进行。但有时温度很低的季节里，又不便通风，所以最有效的方法是采取地膜覆盖和地下暗灌，有条件的可采用滴灌。

提　示　板

日光温室中的水分不易散失到室外，易在地表积累，有时水分缺乏，地表也潮湿，造成不缺水的假象，应根据物候适时灌水。土壤水分除了与直接灌水有关外，还与季节、天气有关。温度低、植物开始生长期，土壤水分消耗少；温度高、植物旺长期，土壤易出现缺水。

日光温室由于不通风空气湿度大，地膜覆盖与滴灌相结合是控制空气湿度的有效方法。同时，在温度较高的白天要适度放风降低湿度，满足开花结果的需要。

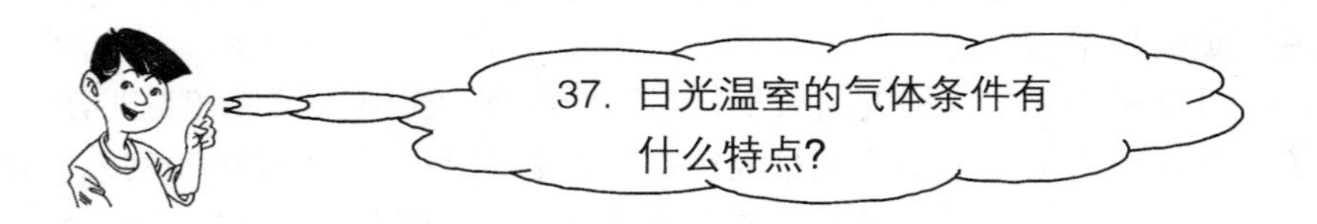

日光温室的气体条件与露地差异较大，因为在密封条件下，特别是冬季很少通风的情况下，二氧化碳的浓度比露地减少，并很容易发生其他有毒气体危害。

自然界二氧化碳含量为0.032%，满足不了作物的需要，但是都没有影响作物光合作用的正常进行，原因是空气不断流动，作物叶片周围的二氧化碳随时得到补充。日光温室冬季很少通风，早晨卷起草帘后二氧化碳浓度较高，随着光照的增强，温度的升高，光合作用加强，二氧化碳浓度下降很快，严重影响光合作用的进行。所以，人工补充二氧化碳是一项有效的增产技术，已经在日光温室生产领域广泛

采用。

温室中人工施用二氧化碳，进行二氧化碳施肥，具体方法是用硫酸与碳酸氢铵反应产生二氧化碳气体。

使用时要先稀释浓硫酸，在耐酸的缸或筒中装入适量的水，把硫酸（浓度为96%～98%）按7∶1缓慢地沿着边沿注入水中，边注入边搅拌，一次可稀释3～5天的用量。

按667米^{2}温室计算，将耐酸容器吊在距地面1米高处，10个点，装上稀硫酸，加入150克左右碳酸氢铵，在卷起草帘后30分钟进行。

另外，市场上也有成品二氧化碳肥出售，有片状、颗粒状和粉状，并有说明书详细介绍使用方法、用量及效果。但施用固体二氧化碳（干冰）时，要选择室内温度高时进行，因干冰汽化后会吸收大量的热量。

日光温室的有害气体，主要是氨气和二氧化氮气体。温室内空气氨气浓度达到5毫克/千克时，可使作物受害。氨气从叶片的气孔、叶缘的水孔侵入，使叶片出现水浸状斑，叶肉组织变白、变褐，最终枯死。受害多发生在生命活动旺盛的叶片。氨气发生的原因主要是撒施未腐熟的畜禽粪或碳酸氢铵、尿素造成的。

温室中二氧化氮浓度达到2毫克/千克时，作物叶片就要受害，二氧化氮气体从叶片气孔侵入叶肉组织，开始气孔周围组织受害，进而扩展到海绵组织和栅栏组织，最后叶绿体遭破坏褪绿，呈现白斑。

二氧化氮气体发生有两个条件：一是土壤呈酸性（pH在5以下）；二是土壤中有大量氨积累。一般施入土壤中的氮肥，都要经过有机态氮→铵态氮→亚硝态氮→硝态氮的转化过程，最后以硝态氮供作物吸收利用。大量施用氮肥，使亚硝酸在土壤环境中大量积累，在土壤强酸性条件下，亚硝酸不稳定而发生气化，产生二氧化氮气体。一次施肥过多，下茬又大量施入氮肥，作物容易发生二氧化氮危害。

提　示　板

日光温室内空气不与外界对流，易造成二氧化碳缺乏，影响光合作用，补充二氧化碳是增产的有效措施。目前使用最多的是硫酸与碳酸氢铵反应产生二氧化碳气体。

日光温室的有害气体，主要有氨气和二氧化氮气体。它们多是施用未腐熟的畜禽粪或大量施用碳酸氢铵、尿素造成的。所以，一定施用发酵好的有机肥，科学合理地使用化肥。

38. 日光温室遇到灾害性天气怎么办?

日光温室生产主要在冬季和早春进行，生产过程中难免遇到灾害性天气。在不加温的条件下，一旦出现灾害性天气，如果不采取相应的措施，往往会遭受损失。

（1）大风天气　白天遇到大风天气，如果温室前屋面弧度较小，压膜线不紧，薄膜被大风一吹，就会鼓起落下，不断摔打，严重时挣断压膜线，薄膜破损。这时要及时收紧压膜线或放下部分草苫压住。夜间遇到大风，容易把草苫吹移位置，使前屋面暴露，加快散热速度，作物遭受冻害。所以大风天气应昼夜加强观察，及时处理。

（2）暴风雪　冬季、早春日光温室生产，经常出现降雪天气，管理人员首先要根据外界气温和室内气温，进行不同的处理。夜间降雪，在室内外温度不是很低时，可卷起草苫，特别是在先雨后雪的天气，更应卷起草苫，以免草苫被淋湿。雪停后清除积雪放下草苫。

有时北风强劲，温度很低，不能卷起草苫，大量雪花被北风吹落在温室前屋面上，越积越厚，如果不及时清除积雪，导致温室前屋面有被压垮的可能，生产上发生很多此类事情。如遇到这种情况，不论是白天或夜间，都要用刮雪板及时把积雪刮下来，减轻积雪对膜面的压力。

(3) 寒流强降温 冬季出现寒流强降温的天气是不可避免的，有时是在持续晴天出现寒流，即使气温降低较多，由于采光设计和保温设计科学，日光温室热量贮存多，放热慢，1～2 天后下降到适宜温度以下，对作物影响不大。但是连续阴天或降雪后又出现寒流强降温，日光温室太阳辐射能已经散尽，贮存的热量不能满足作物对温度的最低需求，遇到这种情况，喜温作物就要受冻害，影响正常生长，或降低产量和品质。

根据日光温室冬季生产经验，遇到这种天气，用几个大盆在室外将木炭烧红，再放入温室内，或在温室内前底脚处点燃蜡烛，每米 1 支，可以起到防低温冷害的作用。

(4) 连续阴天 低纬度地区冬季日照百分率低，冬季早春容易出现低温寡照天气，连续多天出现阴天，不卷起草苫，隔断了太阳能辐射来源，作物不能进行光合作用，只能依靠体内贮存的营养物质维持生命，只有消耗，没有积累，短时间尚可，时间一长，室内气温、地温都降到适应范围以下，就会产生冻害或低温冷害。

日光温室在冬季和早春生产时，如遇到阴天，只要外界温度不是很低，卷起草苫室内气温不会大幅度下降时，就要卷起。因为阴天也有太阳散射光，在一定程度上可使温度升高；特别是阴有多云的天气，太阳光有时露出云层，这样能充分利用太阳光能。过去拉绳卷放草苫费时较多，遇到阴天就不会卷起草苫，造成辐射能的浪费。利用卷帘机卷放草苫，卷放迅速方便，可根据天气变化及时将草苫举起放下。

(5) 阴天后骤晴 日光温室冬季生产，出现北风大雪天气，有时连续 2～3 天揭不开草苫，太阳辐射能完全隔绝，一旦天气突然晴朗，光照很强，卷起草苫后，室内气温突然升高，空气相对湿度突然严重下降，作物的叶片就会萎蔫。原因是由于地温低，根系吸收能力较弱，又连续不进行光合作用，叶片蒸发量大，根系供给的水分远远满足不了消耗的需要，叶片开始暂时萎蔫，如不及时采取措施，就会成为永久萎蔫。

遇到这种情况，应立即放下草苫，过一段时间叶片恢复后再卷起草苫，反复几次卷放草苫，直至不再萎蔫为止。如果萎蔫较严重，可用喷雾器向叶片喷清水，或用1%的葡萄糖水溶液喷叶片效果更好。

(6) 冰雹灾害 春季有时降水过程中夹带冰雹，容易把前屋面薄膜打成很多孔洞，严重时造成较大损失。遇到这种情况及时把草苫放下。

提 示 板

日光温室在生产过程中不可避免的会遇到风、雨、雪等自然灾害，科学合理地应对是日光温室生产一项重要措施。当遇到灾害性天气时，除了及时按上述方法应对外，要因地制宜、创造性地采取对策，为草莓温室生产创造条件。

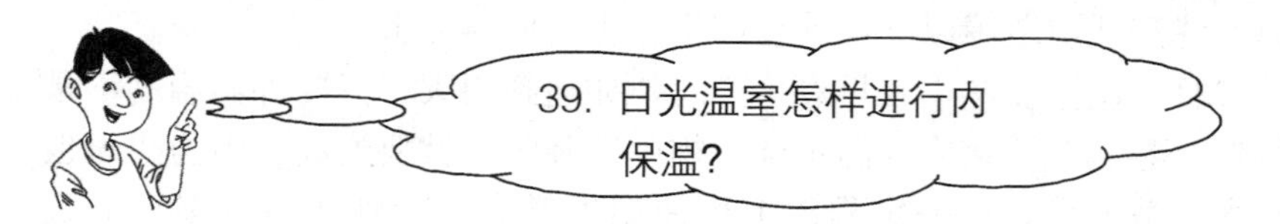

传统的日光温室都是采用外保温，其保温材料一般是草苫、棉被、纸被等。首先这些材料比较笨重，操作起来不方便，特别是遇到突发性灾害天气，卷起放下极不方便，影响保温和采光效果；其次，外保温材料都是易燃物，管理不善易引起火灾，特别是温室群一旦发

生火灾，后果不堪设想；再次，外保温材料在卷起放下过程中，容易磨破薄膜，降低薄膜使用寿命。还有外保温材料容易掉落残渣碎屑，污染前屋面，影响透光率。辽宁农业职业技术学院近10年研发的内保温技术，克服了外保温的缺点，目前实验已取得了成功。内保温设计是按暖瓶保温原理进行设计，材料是采用现代保温材料保温膜与泡膜复合而成（图25）。它具有如下优点：

图25　内保温

（1）腔囊保温被材质轻，收放便捷，并减轻骨架负荷。

（2）保温被与薄膜保持一定的距离（20厘米），薄膜不受磨损。

（3）温室内部形成整体覆盖，减少了贯流放热和缝隙放热，增温效果明显。

（4）保温被有薄膜遮挡，免受风吹雨淋，又不受紫外线的影响，不易老化，使用寿命长。

（5）保温被与薄膜间有一定距离，薄膜内外温差大，薄膜内表面始终有霜露，使保温被呈潮湿状态，有效地减少了火灾的发生。

（6）内保温被的造价比较高，短期内投资比较大。但如果按使用寿命折算，再把开闭装置低于卷帘机价格等因素考虑进来，内保温投资成本低于外保温。

保温被的安装：

（1）对温室的长度、脊高、前屋面弧长、弧度进行测量，测量数据要准确。

（2）在温室顶部安装拱杆，拱杆长与温室长度一致，拱杆与屋面薄膜距离20厘米。

（3）安装滑道，滑道间距9米，滑道长为前屋面弧度长，滑道焊接到骨架上，滑道与温室骨架距离 20 厘米，靠近两侧山墙的滑道用膨胀螺丝固定在山墙上。

（4）安装起拉装置，将传动和挂被两个系统连接起来，形成完整的叠被机械系统。

（5）安装保温被，按照保温被幅宽将其整齐叠起，铺设在温室前底脚内侧，用打孔钳子在保温被边线打孔，每幅每米打一个挂被孔，用专用被卡挂在拉绳上，拉绳与滑道要对应一致。最后将保温被拉至温室顶端，将保温被的上边缘与温室后坡固定。

提 示 板

内保温是新研发的一种保温措施，它具有材质轻，收放自如；减少贯流放热和缝隙放热，保温效果好；提高棚膜使用寿命；预防外部火灾等优点。是今后温室与大棚保温的发展方向。但特别指出的是内保温棚室要经常检查电路，防止电路老化引起内部火灾。

三、无公害草莓生产基本知识

40. 什么叫无公害草莓？草莓易受哪些方面的污染？有什么危害？

无公害草莓生产是指草莓的产地环境、生产过程和产品质量均符合国家有关标准和规范要求，所生产的未经加工或者初加工的草莓产品，符合无公害农产品标准，经认证合格获得认证证书，并允许使用无公害农产品标志的草莓产品，称为无公害草莓。具体地说，草莓没有受到有害物质的污染，不含有对人体有毒、有害的物质，农药残留量不超标，不含禁用的高毒物质；硝酸盐含量不超标，一般控制在 432 毫克/千克以下；重金属等有害物质不超标。草莓无公害生产不仅是实现绿色食品工程最基本的材料资源，还是农业可持续发展、人类生存环境保证的重要组成部分。

草莓在生产过程中，需要土壤养分、水分的支持，需要空气进行光合作用，需要进行病虫害的有效控制，这些栽培环境条件的优劣，决定着草莓是否会被污染。草莓被污染的主要途径是化学农药、化学肥料和工业“三废”（废水、废气、废渣）。

（1）化学农药 随着草莓设施栽培的发展，连作重茬导致草莓病虫害逐年加重，大量使用化学农药防治病虫增产，已成为各地草莓生产中的一项重要措施。与此同时，化学农药给人类带来很大危害，包括导致害虫的抗药性、引起新的病虫害大发生、污染农产品及环境等三个互相关联的部分，国际上称为“3R”（Resistance-抗药性、Resur-gence-再猖狂、Residue-残毒）问题。

作物生产中化学农药污染的主要原因是：

①使用剧毒农药和高毒、高残留农药。这些农药进入草莓体内的主要途径：一是生产者缺乏农药安全使用的知识，或谋利心切，在草莓生产中施用国家明令禁止的剧毒、高毒、高残留农药；二是上茬作物生产上使用的剧毒农药、高毒农药在土壤中残留，在下茬生产其他作物时进入植物体内。

②对国家允许使用的低毒农药，由于频繁使用，易使病菌和害虫产生抗药性，生产者则擅自提高使用浓度，增加喷药次数，造成环境与农作物污染。如40%乐果乳油、90%晶体敌百虫，由1 000倍提高到400～500倍、2.5%溴氰菊酯、20%氰戊菊酯等由4 000～5 000倍提高到1 000～2 000倍；50%辛硫磷乳油浇灌防治地下害虫，由1 000～1 500倍提高到200～300倍。而且一旦发现病虫，增加喷药次数，5～7天就喷1次药。

③无视农药使用的安全间隔期。对一些鲜食的农作物（如草莓），只考虑采收成熟度，不考虑农药使用安全期，致使草莓浆果在上市后仍然残留较多农药。

（2）化学肥料 保护地生产属于高投入、高产出的产业。生产者为获得高产，超量施入化肥的现象比较普遍，尤其是氮素化肥，因施用量大，分解产物多，流失严重，从而对水质和环境造成污染，对生产影响较大。特别是氮肥分解过程中产生的硝酸盐、亚硝酸盐等有害物质，这些物质在农作物产品中大量积累，对人体健康产生危害。

（3）工业“三废”污染 随着工业的发展，工厂排放的废水、废气、废渣中含有大量的有害、有毒物质，污染大气、水源和土壤，甚至直接污染农作物，从而间接进入人体造成危害。

①大气污染。大气中的有害物质如二氧化硫、氟化物、氯化物、乙烯、氮氧化物、粉尘等通过植物叶片的气孔进入叶内，或附着在植

物体表面，形成黄化或死斑，生长受阻，甚至死亡。

②水体污染。用受污染的水源灌溉草莓园，有害物质可以对草莓产品产生二次污染。

③土壤污染。土壤中的污染物以重金属危害最为严重，这是因为它不能被微生物分解，而生物体又能将它吸收和积蓄的缘故。

（4）有害微生物 在草莓生长过程中，施用未腐熟的人粪尿、厩肥，或用污水灌溉，都可使其携带的病原微生物及其代谢物附着在草莓浆果上，人们食用后，容易引起多种疾病。

提 示 板

草莓被污染的主要途径是化学农药、化学肥料和工业“三废”。化学农药主要是擅自提高使用浓度，增加喷药次数，造成环境与草莓污染。化学肥料主要是不合理使用氮肥，造成硝酸盐、亚硝酸盐超标，引发癌症等多种病变。工业“三废”主要是重金属对人体危害。有害微生物危害主要是病菌、寄生虫的危害。所以，在使用各种有机肥时要进行无害化处理，对于大棚栽培要防止浆果成熟期进行露地化管理时PM2.5的污染。

41. 无公害草莓生产要求什么样的大气环境条件?

大气环境造成草莓污染的有害气体有二氧化硫、氟化物、臭氧、氮化物以及粉尘、烟尘、固体颗粒等。这些污染物影响草莓光合作用，破坏叶绿素，

致使叶片和花果变色、脱落，又能在草莓体内进行积累，人们食用草莓浆果后易引起急、慢性中毒。

(1) 二氧化硫 是大气污染的主要有害气体。主要来源于煤和石油燃烧产生的气体。它从植株叶片上的气孔进入叶片组织，破坏叶绿素，造成组织脱水，在叶脉间出现黄色或褐色斑块，使叶片脱落。在开花期受到污染，花冠边缘出现枯斑，花药变色，柱头萎缩，坐果率降低；果实受害后，发育受阻，失去商品价值。

(2) 氟化物 大气含量仅次于二氧化硫。主要来源于冶金、玻璃、塑料等工厂排放的废气。通过气孔进入植物体内，但与二氧化硫不同，它不伤害气孔周边组织，而是溶于体液中，通过细胞间隙进入输导组织，运输到叶尖发病，造成生长点、嫩叶顶端发生溃烂。

(3) 氯气 是一种黄色有毒气体，对草莓危害极大。主要来源于食盐电解工业和生产农药、漂白粉、消毒剂、塑料等工厂排放的废气。氯气能破坏细胞结构，阻碍水分、养分吸收，使植株矮小，叶褪绿、焦枯；根系发育减缓，直到根系萎蔫而枯死。

(4) 粉尘 空气中漂浮的固体或液体的微细颗粒被称为粉尘。主要来源于工业排放的烟尘，包括未燃尽的炭黑颗粒、煤尘和飞尘。它可使嫩叶产生污斑，影响光合作用和呼吸作用。

根据《无公害食品　草莓产地环境条件》（NY5104—2002）的规定，无公害草莓生产的环境空气质量要求见表6。

表6　环境空气质量要求

项　　目	浓度限值	
	日平均	1小时平均
总悬浮颗粒物（标准状态）（毫克/米^3）	0.30	—
氟化物（标准状态）（微克/米^3）	7.0	20.0

提　示　板

大气中的有害成分不仅危害植物，更主要的是危害人的身体健康。在草莓的栽植地区，要充分听取环保部门的意见和建议，分析大气污染的有关材料，严格执行环境质量标准，对不适宜栽培草莓的环境坚决杜绝栽培。

42. 无公害草莓生产要求什么样的水质条件?

草莓根系分布浅，植株矮小，叶片较大，蒸发量大。果实中富含水分达90%以上。为此草莓在整个生育周期内吸收水分较多，如果水质不良，草莓果实就会残留对人体有害物质。另外草莓果实一般以鲜食为主，即使加工也只是简单的初加工，不会破坏原有成分，残留的有害物质不会减少。所以，水质的好坏不仅影响草莓的生长发育，更重要的是有可能危害人的身体健康。根据《无公害草莓产地环境条件》（NY5104—2002）的规定，无公害草莓灌溉水质要求见表7。

表7　灌溉水质量要求

项　　目	浓度限值	项　　目	浓度限值
pH	5.5～8.5	pH	5.5～8.5
化学需氧量（毫克/升）≤	40	氟化物（毫克/升）≤	3.0

（续）

项　　目	浓度限值	项　　目	浓度限值
总汞（毫克/升）≤	0.001	氰化物（毫克/升）≤	0.50
总镉（毫克/升）≤	0.005	石油类（毫克/升）≤	0.50
总砷（毫克/升）≤	0.05	氯化物（毫克/升）≤	0.50
总铅（毫克/升）≤	0.10	粪大肠菌群数（个/升）≤	10 000
铬（六价）（毫克/升）≤	0.10	—	—

提　示　板

草莓属于浆果类，水质的好坏直接影响到浆果的品质。在生产过程中，要严格按照无公害草莓水质标准要求去使用灌溉水，对于本地被污染水源杜绝使用。可采取异地引水或重新选址的办法解决，生产出安全的草莓产品。

43. 无公害草莓生产要求什么样的土壤条件?

土壤是植物生长的基础，植物要从土壤中摄取水、肥、气、热等生活所需的物质，来满足生长发育的需求。土壤的质地及土壤的营养成分，制约着植物的生长。在草莓生产中土壤质地可经过土壤的改造来改良，土壤养分可通过人工施肥来补充。但土壤中的有毒有害物质（如重金属）却很难在短期内消除。因此，在选择草莓生产园地时应严格进行土壤检测，预防有毒有害物质被草莓吸收后危害人的健康。无公害草莓生产土壤环境质量标准见表 8。

表 8　土壤环境质量标准

项　　目	含量限值		
	pH<6.5	pH6.5～7.5	pH>7.5
总镉（毫克/千克）≤	0.30	0.30	0.60
总汞（毫克/千克）≤	0.30	0.50	1.0
总砷（毫克/千克）≤	40	30	25
总铅（毫克/千克）≤	250	300	350
总铬（毫克/千克）≤	150	200	250

注：本表所列含量限值适用于阳离子交换量 5 厘摩尔/千克的土壤。若≤5 厘摩尔/千克，其含量限值为表内数值的半数。

因此，草莓的产地要远离工厂、矿山和公路，防止草莓被污染后危害人的健康与生命。

提　示　板

土壤是植物吸收营养的主要来源，草莓根系在吸收的过程中，对土壤中有害成分也能吸收，这样就会造成有毒有害物质在植物体内积累，当人食用后，就会产生急、慢性中毒。所以，对土壤检测非常重要。

44. 无公害草莓生产防治病虫草害的基本原则是什么?

草莓作物病虫害、草害比较严重，随着技术的进步，草莓生产的季节性和消费均衡性的矛盾已经得到解决，露地和各种保护地设施配套，实现

了周年生产。同时也给多种病虫提供了越冬和孳生的场所，造成周年循环量增加，增大了病虫害防治的难度。此外，园地杂草对草莓生产的危害也很大，一方面杂草和草莓作物争夺水分、养分和生存空间，另一方面杂草又是害虫的隐蔽所和病原菌的寄生植物。特别是草莓秧苗定植后，幼苗生长缓慢，不等草莓秧苗长大杂草却先长出来，有时甚至超过草莓秧苗的高度，给草莓生长发育带来不利的影响。

长期以来人们采用化学农药、化学除草剂，使草莓的病虫害和杂草得到了控制，但实践证明，大量不合理使用化学农药和化学除草剂，不仅破坏了草莓园地生态环境，使天敌群落衰弱，而且也使病虫害产生更强的抗药性，反过来不得不加大农药用量，从而形成恶性循环，这就难免造成农药在农产品中的残留量严重超标。目前我国防治病虫草害的基本原则是：在“预防为主，综合防治”的植保方针指导下，优先采用农业和生物防治措施，科学使用化学农药，协调各项防治技术，发挥综合效益，把病虫害控制在经济允许水平之下，并保证草莓中农药残留量低于国家允许标准。具体方法有：植物检疫和病虫害预测预报、农业综合防治、生态防治、生物防治、物理防治、化学防治等。

提　示　板

草莓病虫害的防治要在“预防为主，综合防治”的植保方针指导下进行，以农业和生物防治为主，化学防治为辅，协调各项防治技术，发挥综合效益，把病虫害控制在经济允许水平以下。杜绝为了追求产品数量而忽视消费者健康权利。为了人类的发展和环境的生态平衡，草莓生产者要多生产绿色产品。

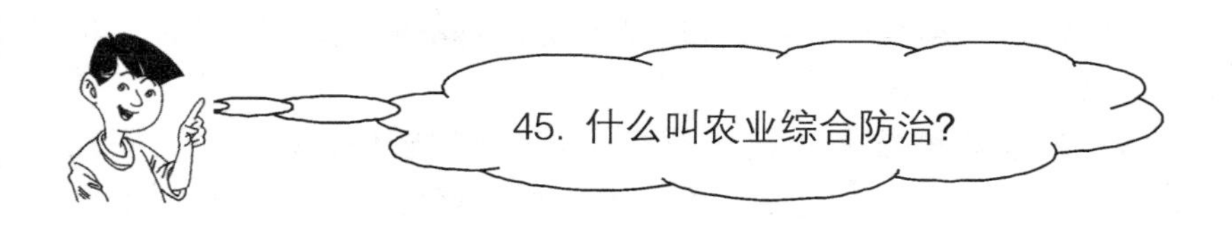

农业综合防治是利用植物本身抗性和栽培措施来控制病虫害发生、发展的技术和方法，是进行无公害生产的重要一环。主要包括以下几个方面。

（1）选用优良抗病抗虫品种　不同草莓品种对不同病害具有一定抗性。如宝交早生抗白粉病较强，丽红抗灰霉病较强。但是，兼抗多种病害的品种并不多。生产上选择品种首先要选择抗病性和适应性强、品质好、丰产的品种，减少防治费用。至于抗虫品种，由于人与害虫在作物品质要求上的一致性，抗虫品种很难满足消费者需求。

（2）使用脱毒苗　它是防治草莓病毒病的基础。脱毒苗是在无菌条件下培育的，它不仅脱除了病毒，而且不带病原菌，没有线虫，子苗生长健壮，抗病性强。

（3）从源头上防治病虫害　草莓园中的残枝落叶是多种害虫滋生和越冬的场所，应及时清除。发现染病的叶、花、果或植株，要及时摘除，带出室外集中烧毁或掩埋。草莓采收后进行深翻，把地下病菌、害虫翻到地表，冻死或晒死一些越冬、越夏的病菌和害虫。深翻增施有机肥，改善土壤结构，增强有益微生物活动，减少病虫害发生。

温室夏季休闲期，利用淹水进行嫌气高温消毒，可杀死大部分病原菌和虫源。

（4）实行轮作倒茬　使病原菌和虫卵不能大量积累，起到控制病虫害发生的作用。采用与不同蔬菜种类或大田作物之间的间作、套作、轮作，可以减少草莓病虫害的发生，达到少用或不用农药的效果。

（5）地膜覆盖 地膜覆盖能降低湿度，防止喜湿病菌的传播。也能防止地下病菌感染植株。

（6）改进栽培技术 设施草莓生产向科技环保型发展，调控好温度、光照、空气、湿度、土壤水分和二氧化碳浓度，有利于草莓作物正常生长发育，不利于病原微生物发生发展，减少发病机会。

（7）利用防虫网 防虫网可阻止害虫进入，杜绝虫害发生。

提 示 板

农业综合防治是病虫害防治的基本方法，也是无公害生产的基本要求。在草莓生产中，选择优良品种、培育无毒苗木、轮作倒茬是控制病虫害发生的有效途径。

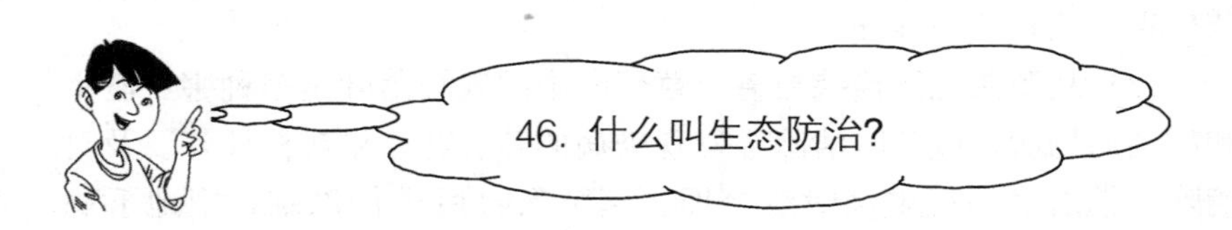

寄主与有害生物对环境条件的要求往往有一定的差异，应用其差异创造一个有利于草莓生长，不利于有害生物发生的环境条件，从而达到减轻病虫害的目的，这就是生态防治。主要方法有：

（1）防止叶面结露 作物叶面上凝结水珠，是大部分病害发生的先决条件。叶面结露再加上温度适宜，病害就容易发生蔓延。根据病害发生规律和草莓对温、湿度的要求，在上午、下午、前半夜和后半夜进行不同的温、湿度管理，可有效地控制病害发生。上午在外界温度允许的情况下通风1小时，以排除湿气，然后提高气温，有利于草莓光合作用，并抑制部分病害的发生；下午通风使温度降至20～25℃，空气相对湿度达65%～70%，保证叶片上无水滴，温度虽然适于病原菌萌发，但湿度条件限制了病菌萌发；夜间虽然湿度上升超过80%，温度却降到10℃左右，低温限制了病菌萌发。草莓在开花和果实生长期，应加大放风量，当棚内湿度降到50%以下时，草莓病害显著降低。

（2）采取高温闷棚防治病害 晴天把棚内温度升高35℃，闷2小时，然后放风降温，连闷2～3次，可防治草莓灰霉病。

（3）叶面微生态调控 大部分病原真菌喜酸性，通过喷施一定的化学试剂，可以改善寄主的微环境，抑制病原菌的生活和浸染。如白粉病刚发生时，喷小苏打500倍液，每隔3天喷1次，连喷5～6次，既能防治白粉病，又能分解出二氧化碳。用27%高质膜乳剂80～100倍液，每隔6天喷1次，连续4次，可在植株上形成一层保护膜，阻止和减弱病毒入侵。

提 示 板

生态防治就是改变植物生长环境，使其有利于栽培作物生长，不利于病菌传播的一种防治方法。在棚室栽培中主要是通过降低植株叶片湿度、喷施化学试剂使叶片表面形成保护膜，达到防止病菌的繁殖与传播的目的。生态防治是对植物的一种保护，它能减少化学用药，是无公害生产的一种手段。

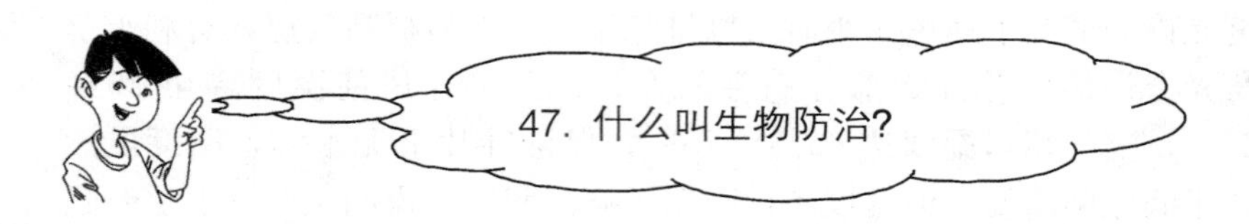

生物防治是利用生物或其代谢产物，控制植物病虫害的技术。包括利用天敌、有益微生物及其产物防治植物病虫害。生物防治的副作用小，污染少，环保效果好，受到各界重视。但成本高、技术复杂，实际应用的不多。现行的生物防治技术主要有以下几种。

（1）利用天敌昆虫 天敌昆虫是对有害生物具有寄生性或捕食性的昆虫。通过商品化繁殖，实施防治。捕食性昆虫常见的有步行虫、瓢虫、草蛉等，如生产上利用草蛉、瓢虫防治蚜虫，植绥螨防治叶螨等都取得较好的效果。利用寄生性昆虫最成功的例子是利用赤眼蜂（人工饲养）寄生卵的特性，控制和杀死棉铃虫、烟青虫等，生产上取得较好效果。其他如丽蚜小蜂防治温室白粉虱，用植绥螨防治草莓跗线螨和枝叶螨也都取得了较好效果。

（2）利用微生物治虫

①以细菌治虫。昆虫病原细菌已知的有 90 余种，常用的有苏云金杆菌、青虫菌等，其中苏云金杆菌应用较为广泛，市场上已出现多种苏云金杆菌制剂，如高效 Bt、复方青虫菌、大宝、7216 生物农药等，用于防治鳞翅目害虫效果较好。

②以真菌治虫。寄生于昆虫的真菌很多，其中可用作杀虫剂的有白僵菌、绿僵菌和虫霉。白僵菌可防治玉米螟、大豆食心虫，绿僵菌可防治蛴螬，虫霉多用于防治蔬菜蚜虫。

③以病毒治虫。现发现寄生昆虫上的病毒主要是核型多角体病毒、颗粒体病毒和质型多角体病毒。用昆虫病毒与微生物或低毒农药生产的昆虫病毒复合杀虫剂，在生产上取得了较好的防治

效果。

④以线虫治虫。昆虫病原线虫是寄生于昆虫体内的细丝形寄生虫。目前应用较多的小卷蛾线虫，是一种杀虫范围广的生物，能防治几百种不同的害虫。

(3) 以昆虫生长调节剂、性诱剂治虫 常用农药卡死克、抑太保、灭幼脲等均为昆虫生长调节剂，其作用机理是阻碍害虫的正常生长发育，从而达到防治效果。性诱剂则是用以防治害虫的性外激素或类似物，可用来直接诱杀害虫。

(4) 以植物疫苗治病 利用植物疫苗抗性诱导剂防治植物病害，对一些难以控制的病害效果明显。

(5) 以农用抗生素治病虫 农用抗生素是微生物的代谢产物，属于生物源农药的范畴，因其具有高效、易分解、无残留、不污染环境等优点，日益受到人们的重视。依据其防治作用可分为农用抗生素（如中生菌素、多抗霉素、宁南霉素、链霉素、武夷菌素等）和农用杀虫素（多杀菌素、阿维菌素、浏阳霉素等）两大类。

(6) 以植物源农药治病虫 利用具有杀虫、杀菌作用的植物毒素，如烟碱、苦参碱、鱼藤酮、茴蒿素、大蒜素等制成的农药。

提　示　板

生物防治副作用少、污染少、环保效果佳等优点现已受到各界广泛重视，但由于成本高，技术复杂，目前正处于推广阶段。需要指出的是：生物防治见效慢，防治效果达70%~80%即为高效，应用时需加以注意。

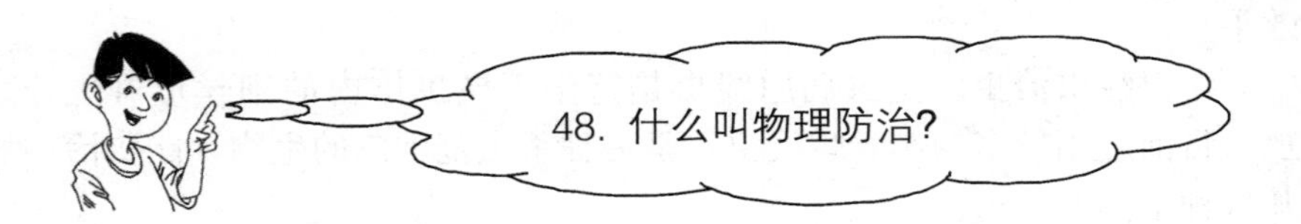

专家解答

物理防治是用机械物理方法防治病虫害，包括利用高温杀死土壤中的病原菌和虫卵，利用光、色诱杀或驱避害虫等。

（1）诱杀害虫 根据害虫的趋光性、趋化性，把害虫诱集杀死。方法简单易行，投资少，效果好，可以大大减少化学农药残留量，提高草莓产品质量，是发展无公害草莓的重要技术措施之一。主要诱杀方法如下：

①黄板诱杀。在30厘米×30厘米纸板上，正反面刷上黄漆，晾后刷上一层10号机油，每667米^{2}草莓园放置10～15块板，高度超过植株30厘米，可诱杀蚜虫、温室白粉虱和美洲斑潜蝇等害虫。

②糖醋毒液诱蛾。糖3份、醋4份、酒1份、水2份，配成糖醋液，外加5%的晶体敌百虫装在钵内，放在1米高处，667米^{2}放置3处，白天盖严，夜间打开，可诱杀斜纹夜蛾、银纹夜蛾、小地老虎等害虫。

③毒饵诱杀地老虎。在幼虫发生期间，采集新鲜嫩草，把90%晶体敌百虫50克溶解在11升水中，均匀喷洒在嫩草上，傍晚放置于作物行间，可杀死地老虎幼虫。

④性诱杀。用50～60目防虫网制成长10厘米、直径3厘米的圆形笼子，每个笼子里放两头未交配的雌蛾（可先在田间采集雌蛹放在笼子里待用），把笼子吊在水盆上，水盆内盛水并加少许石油，在黄昏后放在田里，一个晚上可诱杀成百上千只雄蛾。

⑤黑光灯诱杀。在夜蛾成虫盛发期，开始诱杀成虫，每个棚内设1～2个高1米左右的台子，放置水盆，水盆上面距水面20厘米处悬一盏20瓦的黑光灯，水中加少许煤油，每晚9时至次日4时开灯，可诱杀银纹夜蛾等。

⑥频振式杀虫灯诱杀。近年推广的一项先进实用的物理杀虫技术。利用害虫对光源、波长、颜色、气味的趋性，选用对害虫有极强的诱杀作用的光源和波长，引诱害虫扑灯，并通过高压电网杀死害虫，有效地防治害虫危害。这种方法能有效地控制化学农药的使用，减少环境污染。频振式杀虫灯，诱杀虫量大，捕杀范围广，能诱杀鳞翅目、鞘翅目、双翅目、同翅目等 4 个目 11 个种的 200 多种害虫。

（2）驱避、阻隔害虫 利用蚜虫对银灰色的负趋性，采用覆盖银灰色地膜，或挂银灰色薄膜条的方法，可收到较好的避蚜效果。

（3）设置防虫网 在害虫发生较重的温室、大棚通风口覆盖防虫网，将害虫阻隔在防虫网外，虽然不是杀死害虫，但免受其害。

提 示 板

物理防治能有效地控制土壤与空气中残留有害物质，达到无公害生产的目的。糖醋液诱杀、毒饵诱杀、黑光灯诱杀在生产上很早已广泛应用；频振式杀虫灯诱杀、驱避害虫措施在部分地区已在使用；防虫网阻隔害虫在大棚与温室生产中已逐步得到推广。物理防治将成为病虫害防治的重要方法。

49. 无公害草莓生产允许使用哪些肥料？施肥的原则是什么？

无公害草莓生产允许使用的肥料有：

（1）有机肥 就地取材，就地使用的各种有机肥料，主要包括以下几类：

①堆肥。以各种秸秆、柴草为主要原料，再与人、畜、禽粪和泥土混合堆制，经好气微生物分解而成的一类有机肥。

②沤肥。所用物料与堆肥基本相同，不同之处是在淹水条件下，经微生物嫌气发酵而成的一类有机肥。

③厩肥。以猪、马、牛、羊等家畜和鸡、鸭、鹅等家禽的粪尿为主，与秸秆、泥土等垫料堆制并发酵而成的一类有机肥料。

④沼气肥。制取沼气的副产品，是有机肥料在沼气池中密闭嫌气环境条件下，经微生物发酵而成。

⑤绿肥。以新鲜植物体就地翻压或异地翻压，或经堆沤而成的肥料，主要分为豆科绿肥和非豆科绿肥两类。

⑥作物秸秆肥。以麦秸、稻草、玉米秸、豆秸、油菜秸等直接还田作为肥料。

⑦饼肥。油料籽经榨油后剩下的残渣制成的肥料，如菜子饼、棉籽饼、豆饼等。

⑧泥肥。未经污染的河塘泥、港泥、湖泥等，经嫌气微生物分解而成的肥料。

⑨腐殖酸类肥料。以含有酸类物质的泥炭、褐煤、风化煤等，经过加工制成的含有植物营养成分的肥料。

（2）生物菌肥 以特定微生物菌种培育生产的，含有活的有益微生物制剂，其活菌含量要符合标准。根据其对改善植物营养元素的不同，可分为根瘤菌肥料、固氮菌肥料、磷细菌肥料、复合微生物肥料等。

（3）化学肥料

①氮肥类。碳酸氢铵、尿素、硫酸铵等。

②磷肥类。过磷酸钙、磷矿粉、钙镁磷肥等。

③钾肥类。硫酸钾、氯化钾等。

④复（混）合肥料。磷酸一铵、磷酸二铵、磷酸二氢钾、氮磷钾复合肥、配方肥料等。

⑤微量元素肥。以铜、铁、硼、锌、钼、锰等微量元素及有益元

素配制而成的肥料。如：硫酸锌、硫酸锰、硫酸铜、硫酸亚铁、硼砂、硼酸、钼酸铵。

(4) 其他肥料 不含有毒物质的食品、纺织工业的有机副产物，如骨粉、骨胶废渣、家禽家畜的加工废料、糖厂废料等。

对于以上各种肥料可根据草莓的不同生育期、土壤营养含量、土壤酸碱度选择使用,对于硝态氮要限量使用,对于含氯的复合肥要限制使用。

无公害草莓生产的施肥原则是：

以有机肥为主，辅以其他肥料；以多元复合肥为主，单元素肥料为辅；以施基肥为主，追肥为辅。尽量限制化肥的施用，如确实需要，可以有选择地施用部分化肥，但必须根据农作物的需肥规律、土壤供肥情况和肥料效应，实行平衡施肥，最大限度地保持农田土壤养分平衡和土壤肥力的提高，减少肥料养分的过分流失对农产品和环境造成的污染。

提 示 板

草莓可以使用的肥料很多，有各种有机肥、微肥、化肥、生物肥等。但使用时应以有机肥为主，其他肥料为辅。对于所用的商品性肥料应是农业行政部门登记使用或免于登记的肥料，并科学合理地使用。为了提高肥料利用率，减少环境污染，可根据草莓物候特点采取配方施肥。

50. 无公害草莓生产怎样使用有机肥?

有机肥主要作基肥施用，施用时应注意以下几点：

(1) 无论何种原料的有机肥，施用前必须经高温发酵，进行无害化处理。堆肥最高温度达 50～55℃，持续 5～7 天，可杀灭有机肥中的有害生物，使之达到无害化标准。有机肥料，原则上就地生产就地使用。外来有机肥应确认符合要求后才能使用。商品肥料及新型肥料必须通过国家有关部门的登记认证及生产许可。

(2) 城市生活垃圾作肥料施肥必须经过无害化处理，其有害生物含量、重金属含量必须低于国家规定的标准。且每年每 667 米^2 农田限制用量，黏性土壤不超过3 000千克，沙性土壤不超过2 000千克。禁止使用有害的城市垃圾和污泥，医院的粪便垃圾和含有害物质如毒气、病原微生物、重金属等的工业垃圾，一律不得直接收集用作肥料。

(3) 秸秆还田可根据具体对象选用堆沤（堆肥、沤肥、沼气肥）还田、过腹还田（牛、马、猪等牲畜粪尿）、直接翻压还田或覆盖还田等多种形式。秸秆直接翻入土中，一定要和土壤充分混合，注意不要产生根系架空现象，并加入含氮丰富的人畜粪尿调节碳氮比，以利秸秆分解。还允许用少量氮素化肥调节碳氮比。秸秆烧灰还田方法只有在病虫害发生严重的地块采用较为适宜。应尽量避免盲目放火烧灰的做法。

(4) 栽培绿肥最好在盛花期翻压（如因茬口关系也可适当提前），翻压深度为 15 厘米左右，盖土要严，翻后耙匀。一般情况下，压青后 20～30 天才能进行播种或栽苗。

（5）腐熟达到无害化要求的沼气肥水及腐熟的人粪尿可用作追肥，严禁在草莓上使用未充分腐熟的人粪尿，更禁止将人粪尿直接浇在（或随水灌在）草莓上。

（6）饼肥对水果、蔬菜等品质有较好的作用，腐熟的饼肥可适当多用。

提　示　板

有机肥料养分含量低，对作物生长影响不明显，不像化肥容易烧苗，而且土壤中积聚的有机物有明显改良土壤的作用，有些人就错误地认为有机肥料施用越多越好。实际上如果一次性施用大量有机肥，会造成土壤溶液浓度过高，使根系吸水困难而产生肥害。

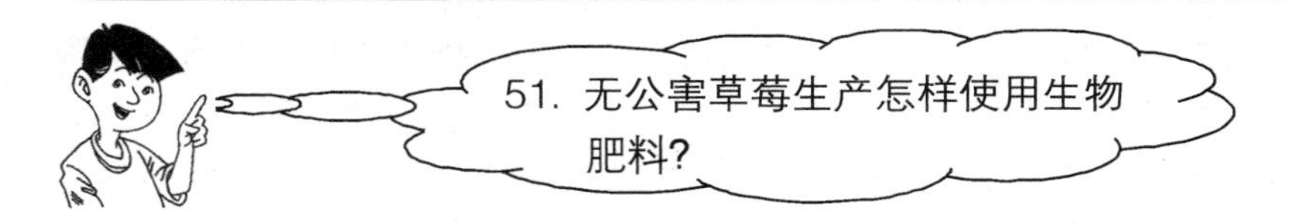

微生物肥也称生物菌肥，是一种辅助肥料。它本身并不含有植物需要的营养元素，而是通过微生物的活动，起到改善作物养分供应，刺激根系生长，抑制有害微生物的作用。狭义的微生物肥是指微生物接种剂，包括根瘤菌菌剂、固氮菌菌剂、解磷类微生物菌剂、硅酸盐微生物菌剂、光合细菌菌剂等。广义的微生物肥料除微生物接种剂外，还包括复合微生物肥料（特定微生物与营养物质复合而成）和生物有机肥（特定微生物与有机肥复合而成）。

无公害草莓施用微生物肥料可浸种、蘸根，或作基肥、追肥。使用时应注意以下几点：

（1）避光、避热保存　微生物肥料的有效成分是有生命的生物体，故贮运过程中应注意避光、避热，防止有效菌失活。最好选用当年的产品，打开包装后要及时施用，不宜久放。

（2）选择适宜的施用方法 微生物肥料最好作基肥或种肥，效果优于叶面喷施。最适宜的施用时间是清晨或傍晚，避免高温强光杀死肥料中的有效菌。微生物接种剂一般每667米^{2}用2千克左右，作叶面肥时通常每0.5千克对水50升左右喷洒叶背面。

（3）与有机肥、化肥配合施用 微生物肥料对作物有增产效果，但不能只施用微生物肥料，必须与有机肥和化肥配合施用，但化肥可以减少一半用量。

（4）改善土壤条件 有效菌施入土壤后，需要一个温暖、湿润、酸碱度适宜、透气性好的环境，才能大量繁殖和旺盛代谢，一般15天后方可见效，否则难以获得良好的使用效果，因此，建议冬季地温较低时不用微生物肥料。

微生物菌肥可拌种，也可作基肥，但不宜作喷肥使用。与有机肥一起施用效果佳，不要与化学肥料混合使用。微生物肥料的有效期限一般为半年至一年，购买微生物肥料后，要尽快施到地里，打开包装后尽量要一次用完；未用完的微生物肥料，要妥善保管，防止微生物肥料中的细菌传播。微生物肥料要施入作物根的正下方，不要离根太远。施后及时盖土，不要让太阳光直射到菌肥上。

提　示　板

生物肥料有固氮、解磷、解钾和发酵分解有机物的作用，具有无毒、无害、不污染环境等优点，是草莓高产、优质的有利保证。使用生物肥料时，首先要检查有效期，过期的生物肥不仅没有肥效，可能有害。同时要注意施用部位，不要离根太远；施后及时盖土。对施用固氮菌肥和根瘤菌肥的地块要少施化学氮肥，防止氮肥叠加产生过剩。

52. 无公害草莓生产怎样使用微肥?

微量元素在草莓生长发育中需求量很少，但作用甚大，其作用是氮、磷、钾等大量元素所无法替代的。在草莓生长过程中微量元素的补充对调节草莓生长和防治生理性病害有良好作用。

（1）钼 钼是硝酸还原酶的重要成分，硝酸还原酶的作用是把硝态氮转化为氨态氮。钼与氮、磷代谢过程有密切关系。钼在碳水化合物合成、转化运转中起重要作用。

缺钼时，幼龄叶片或成熟叶表现黄化。缺钼严重时，叶片出现枯焦，叶缘向上卷曲，影响浆果生长发育。

（2）铁 缺铁最初幼叶黄化或失绿，但失绿不一定就缺铁，只有叶片由发黄进而变白，叶片组织出现褐色污斑时，才可断定为缺铁。严重缺铁时，新成熟的小叶变白，叶边缘坏死，或者小叶黄化（叶脉仍为绿色），叶脉间坏死。缺铁草莓根系生长受阻，果实受到的影响小，只有特别严重时，草莓浆果变小。

铁在植物体内不移动，所以缺铁一般表现在幼嫩部位。

（3）锌 缺锌时，较老叶的叶片变窄，成叶出现叶脉和叶片组织发红。严重时，新叶黄化，但叶脉仍保持绿色或微红，叶片边缘有明显的黄化或淡绿色的锯齿形边。缺锌时果实发育受到的影响小，严重时，果个变小，结果量少。

（4）硼 缺硼时，幼龄叶片出现皱缩和叶焦，叶边缘黄色，生长点受伤害，根粗短、色暗。严重时，老叶的叶脉间有的失绿，有的叶片向上卷曲。缺硼植株花朵小，授粉受精不良，易出现畸形果。

（5）锰 缺锰时，初期症状是新发叶片黄化，进一步叶片变黄，形成网状叶脉和小圆点。缺锰严重时，叶脉之间变成黄色，似灼伤，叶片边缘向上翻卷。缺锰果实变小。

（6）铜 缺铜早期呈淡绿色，随后叶脉之间绿色变得更浅，但叶脉仍为绿色。后期叶脉之间变白，出现花白斑。

微量元素的补充主要通过叶面喷肥的方法进行。在实际操作中注意微量元素的浓度，以减少不必要的浪费。喷肥需要因地因作物施用，对多年连作的地块，要注意缺素症的表现，以缺什么补什么为原则。作物对某种微量元素从缺乏到过量之间的浓度范围很窄，如果施用量过大或施用不均匀，就会对植物产生毒副作用。草莓常用微肥的名称及安全用量见表9。

表9 常用微肥的名称及安全用量

肥料名称	微量元素	土壤施用量（667 米^2）	喷施浓度
钼酸铵	Mo	30～200 克	0.03%～0.05%
硫酸亚铁	Fe	1.5～3.75 千克	0.1%～0.5%
硫酸锌	Zn	1.5～2.0 千克	0.1%～0.3%
硼酸或硼砂	B	0.75～1.25 千克	0.3%～0.5%
硫酸锰或氧化锰	Mn	1～1.25 千克	0.05%～0.10%
硫酸铜	Cu	1.5～2.0 千克	0.1%～0.2%

喷肥时期要根据微肥的用途而定，一般在初花期前喷施为宜。喷施时间最好选择在阴天喷施，晴天则选择在下午至傍晚进行，以尽可能延长肥料溶液在植物茎叶上的湿润时间，增强植株的吸肥效果。喷施次数根据缺失情况而定，一般喷 2～3 次。但最后一次必须在采收前 30 天完成。

微肥之间可以混合喷施，也可与其他肥料或农药混喷，但需要注意肥料和农药的理化性质，防止发生化学反应降低药效或肥效。例如：各种微肥都不能与碱性肥料或农药混喷。混喷时要作小量试验，混合后无浑浊、沉淀、冒气泡等现象，说明可以混用，否则不能混用。混合液随配随用，不能长期放置。

提 示 板

微量元素一般是各种酶的组成成分，它们参与植物体内各种代谢，当它们缺失时生长发育受阻，会发生各种生理病害。在草莓生长过程中，要经常观察植株变化，一旦发现不是由大量元素引起的生理病害，就要及时喷施微肥。微肥在使用过程中要注意使用时期、使用方法、使用次数和浓度。

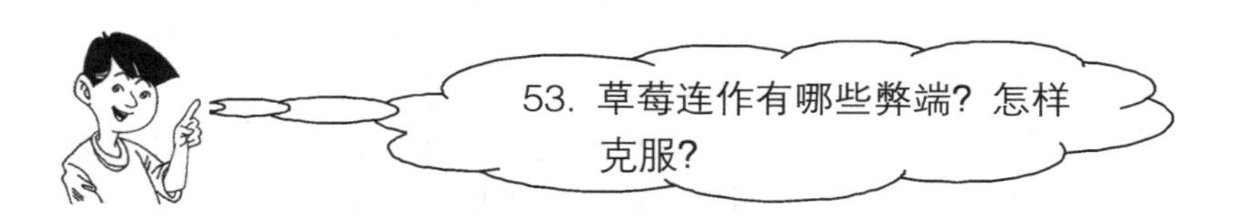

53. 草莓连作有哪些弊端？怎样克服？

草莓不论育苗圃还是生产园往往都要连续种植多年，在连续种植过程中草莓秧苗会发生一些不良反应，生长发育会受到严重侵害，造成产量降低，品质下降；同时对草莓所生长的环境（土壤）也会产生一些破坏作用，这就是草莓的连作障碍。连作的次数越多，产生的障碍越明显。具体表现为：

（1）连作会造成某种营养元素缺乏 不同植物对各类营养元素需求的数量不同，这就是植物的选择吸收性。草莓长期在同一地块育苗或栽培，就会导致某种养分缺失，使草莓生长发育受阻。一般连作园草莓生理性病害发生多，常出现畸形果、软质果、着色不良果等。

（2）连作使病虫害发生严重 连作地病菌容易残留、聚集，单位空间内病菌数量多，达到致病的概率高，作物易感病。连作园草莓的萎蔫病、根腐病严重。

（3）土壤质地坚硬，通透性差 草莓根系分布浅，耕作时一般不会加深，再加上不合理灌溉，就会导致较深层的土壤坚实。长期连作浅耕，会使上下层土壤空气交换量降低，通气性不良，影响土壤供水能力和土壤调控温度能力。

克服连作障碍的方法有：

(1) 深耕 克服连作障碍根本问题在于改善土壤环境，创造适合草莓根系生长的土壤条件。在草莓采收后进行深耕，深耕可与施有机肥同时进行。深耕后做高畦，因高畦排水、透气性好。

(2) 轮作倒茬 轮作后使病菌和害虫的寄主发生改变，抑制了它们的繁殖与传播，降低了有害生物数量，从而减轻下茬草莓的病虫害的发生。草莓可与大田作物和蔬菜进行轮作，但不能与番茄、茄子、辣椒、烟草等茄科作物轮作。

(3) 土壤消毒

①硫黄熏蒸。栽培之前应进行环境消毒，无公害栽培草莓不能使用氯化苦和溴甲烷两种熏蒸剂进行消毒。可以使用硫黄粉进行温室高温消毒。具体方法是，先按照每 667 米^2 温室用硫黄粉 1 千克，发烟剂 1 千克的标准，将其均匀混合，用纸包好，每小包硫黄粉混合物的重量在 0.25～0.3 千克。在对温室消毒之前，先将棚膜密封好，尽可能使温室温度达到 50～60℃的高温。点燃已经包好的硫黄粉混合物，点燃后工作人员应迅速离开，以防止工作人员受到药害。封闭棚室门口，熏蒸时间为 24～48 小时。温室高温熏蒸消毒可以有效地抑制草莓病虫害的传播，避免草莓受到病虫害的侵扰。熏蒸 24～48 小时后应该打开温室的通风口进行放风，等到药味散尽后才能进行以后的工作。

②喷洒甲醛。甲醛俗称福尔马林，是良好的消毒剂。草莓定植前，将 40%的甲醛原液稀释 50 倍，用喷壶将稀释好的药液均匀地把土壤喷湿，然后立即覆盖塑料薄膜，经 24～26 小时捂盖后，把薄膜揭开，再经 2 周以上的风干，便可进行其他操作。

③太阳能消毒。太阳能消毒是廉价、安全、简单、实用的土壤消毒方法。草莓休闲期，揭去薄膜，让太阳光直射裸露的地面，通过紫

外线进行杀菌消毒。也可通过高温高湿杀死病菌和害虫。方法是在7～8月的高温季节里，扣上棚室薄膜，然后进行地面灌水（灌水不宜过多），再用无破损的旧薄膜覆盖地面，使土温迅速上升，当土壤温度达40°以上，累计高温时间达300～500小时后，撤除覆盖薄膜，经过10天左右的风干就可进行草莓定植。

提　示　板

连作的草莓园病虫害严重，土壤养分缺乏，植株生长受阻，产品质量下降。为了克服草莓连作所产生的障害，生产上常采用深翻、轮作倒茬、土壤消毒等措施加以控制。土壤消毒过去常采用氯化苦消毒，由于氯离子对人体有害，近几年已不提倡使用。目前消毒应用较多的药物是甲醛和硫黄。

四、无公害草莓生产技术

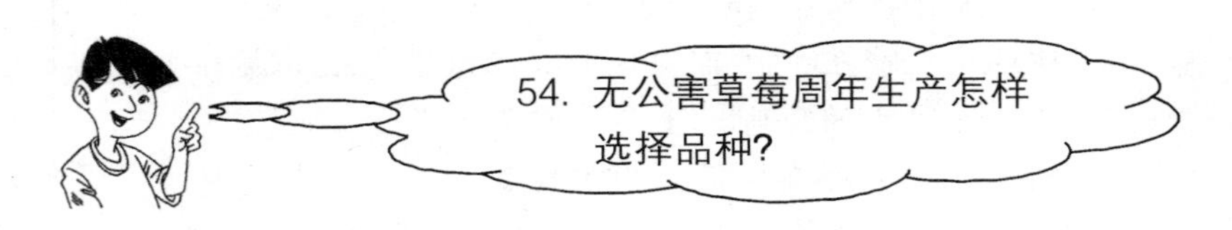

54. 无公害草莓周年生产怎样选择品种?

草莓的品种根据开花所需日照时数和解除休眠所需要的低温积累量可分为：寒地型、暖地型和中间型三种类型品种。

（1）寒地型（又称北方型）　打破休眠所需 5℃以下的低温积累量1 000小时以上，如哈尼、戈雷拉、全明星等品种。

（2）暖地型（又称南方型）　5℃以下的低温积累量在 50～150 小时即可打破休眠，这样的品种有：春香、女峰、丰香等。

（3）中间型　5℃以下的低温积累量在 200～750 小时可打破休眠而转入生长，如宝交早生、达娜、早红光等品种。

暖地型品种适宜作促成栽培，不宜作北方的露地栽培，作露地栽培因经受低温量多，营养生长旺盛，抽生匍匐茎量大，产量不高。寒地型品种不宜作促成栽培和南方半促成栽培，因低温量不够，休眠不易打破，植株生长不良，产量也会降低。但可作北方的半促成栽培和南、北方的抑制栽培。中间型品种可用于露地和半促成栽培，如果有促进花芽分化的低温条件也可作促成栽培。

生产中常用的优良品种如下：

①宝交早生。该品种为早熟品种，适应能力、植株生长势、分枝和抽生匍匐茎能力都较强。花序与叶面平行或稍低，单株花序3～4个。果实圆锥形，整齐，果面鲜红色，有光泽，果心不空虚，平均单果重17克，最大果重24克。果肉橘红色，肉软而细，果汁多，含酸量0.9%，每100克果肉维生素C含量49.0毫克，鲜果品质优良。果面柔软，果皮较薄，不耐贮运，常温下放置1天即变色变味。

该品种抗白粉病较强，抗灰霉病较弱。休眠中等，约需5℃以下低温450小时可通过自然休眠。适合半促成栽培。

②全明星。植株生长势旺盛，株型高大，株态较直立，匍匐茎繁殖力强。果实长圆锥形，第一级序果平均单果重21克，最大果重32克。鲜红色，整齐美观，果面有光泽，果肉橘黄，髓心空，果实硬度大，耐贮运。味酸甜，有香气，含酸量0.83%，可溶性固形物含量为6.8%，果汁多。

该品种休眠较深，需5℃以下低温500～600小时可解除自然休眠。适合半促成栽培。

③戈雷拉。植株长势中等，株型较开张，植株矮小而粗壮。花序斜生，低于或平于叶面。第一级序果平均重22克，最大果重34克。果实圆锥形，果肉红色，肉细，髓心小，稍有空洞，果汁较多，酸甜适度，有香气；果实含可溶性固形物10.2%，含酸量1.39%；果实较硬，耐贮运。

该品种抗寒、抗病性较强，丰产性较好。自然休眠期较长，需要低温量较多，适合半促成栽培。

④达娜。植株生长势中等，株型直立，匍匐茎发生少，每株抽生2个左右。果实扁圆锥形，鲜红色，果实表面有光泽，纵棱明显；平均单果重12.5克，最大单果重可达30克；果肉橘红色，果汁多，髓心小，味酸甜可口；可溶性固形物为11.2%，含酸量0.87%；有芳香味；果实较硬，耐贮运。

该品种不耐旱，易受红蜘蛛危害，抗白粉病能力强。休眠较深，一般5℃以下低温750小时才可打破休眠，适合半促成栽培。

⑤硕丰。植株生长势强，株型粗壮而直立。花序梗直立，高于或平于叶面。平均单果重15～20克，最大果重50克；果实短圆锥形，橙红色，有光泽，果肉红色，风味甜酸；可溶性固形物含量10%；果实硬度大，耐贮运，加工性能好。

该品种耐热性强，抗旱；对灰霉病、炭疽病抗性较强。休眠较深，5℃以下低温约650小时才能打破休眠，适合半促成栽培。

⑥丰香。该品种生长势强，株型较开张。整个植株叶数少，发叶速度慢，匍匐茎抽生能力中等。花序低于叶面，坐果率极高。果实圆锥形，平均单果重25克，最大果重50克以上；果面鲜红色，有光泽；果肉白色，较硬，较耐贮运，髓心较小，果汁多；可溶性固形物含量在10%左右，含酸量0.89%，酸甜适中，香味浓。

该品种抗白粉病能力较弱。自然休眠期较短，在5℃以下低温情况下，经过50～70小时即可通过自然休眠。适合促成栽培。

⑦明宝。该品种生长势中等，较直立。花序斜生，低于叶面。果实短圆锥形，果面鲜红色，略有光泽；平均单果重12克，果个中等；果肉淡红色，松软，果髓实心，果汁较多；可溶性固形物含量为8.7%，含酸量1.15%，风味酸甜，具有独特的芳香味；鲜食较佳，不耐贮运。

该品种抗白粉病能力弱，不耐黄萎病。休眠浅，5℃以下低温经过70～90小时可通过自然休眠。适合促成栽培。

⑧丽红。植株生长势强，株型高且直立，匍匐茎发生较多。果实较大，平均单果重15克，最大果可达46克以上；果实表面鲜红，有光泽；果实长圆锥形，果实硬度较大，耐贮运。

该品种休眠期较短，5℃以下低温经过60～100小时即可打破休眠。适合促成和半促成栽培。

⑨早红光。植株生长势极强，株型较大且直立。花序直立，果实较大，平均单果重20克；果实圆锥形，鲜红色，果实硬度大，耐贮运；肉质红色，细密，酸甜适中，适合做加工品种。

该品种耐热性强，在夏季高温干旱时病害发生较少，适宜南方地区栽培。自然休眠期较长，在5℃以下低温条件下650小时才可打破休眠。可作为半促成栽培或抑制栽培品种。

⑩盛冈16。植株生长势强，株型直立紧凑，匍匐茎发生量中等。花序斜生，低于叶面，花梗粗壮，果实不易触地。平均单果重17克，最大果重45克以上；果实短圆锥形，果面鲜红色，有光泽，果形整齐；果肉白色，果髓稍有空腔，肉质细密；可溶性固形物含量达12%，果肉味甜酸，汁多，有香味；果实硬度较大，较耐贮运。

该品种休眠较深，在5℃低温下经过1 300～1 500小时才可打破休眠。适合半促成栽培或抑制栽培。

⑪女峰。植株生长势强，株型直立，匍匐茎发生良好。果实中等偏大，第一级序果17.6克；果实圆形或圆锥形，果面鲜红；果肉淡红色，硬度高，耐贮运，香味浓。

该品种休眠较浅，5℃以下低温经60～100小时即可打破休眠。适于促成栽培。

⑫哈尼。植株生长势较强，株型直立。花序梗直立生长。果实较大，第一级序果单果重20.5克。果实圆锥形，果面深红色；果肉红色，汁液多，风味酸甜；果面较坚硬，耐贮性较强。

该品种适应性与丰产性强。休眠较深，适于半促成栽培。

⑬弗杰利亚。植株生长直立，幼苗细弱，随着生长由弱转强，抽生匍匐茎能力转强。果个较大，第一级序果平均单果重33克。果长圆锥形，果面鲜红色，有光泽；果肉粉红色，果肉细腻，酸甜适中，有香味；果肉硬，耐贮运。

该品种休眠浅，适合促成栽培。

⑭红宝石。植株生长势强，抽生匍匐茎较多。第一级序果平均重30克，最大果可达70克以上。果实圆锥形，果面红色，有光泽；果肉酸甜适口，有芳香味；果实硬度大，耐贮运。

该品种抗性与适应性强，产量高。休眠期较短，适于促成栽培。

⑮明晶。植株直立，较高，分枝较少。花序低于叶面。第一级序果平均重 27 克，最大果重 43 克。果实短圆锥形，果面鲜红，较整齐，有光泽；果肉红色，肉质细密，果髓腔小，风味酸甜。果实硬度较大，较耐贮运。

该品种适应范围较广，抗旱。休眠期较长，适于半促成栽培。

⑯达赛莱克特。该品种秧苗粗壮，生长势强，株形大，姿态直立。果实长圆锥形，果个大，周正整齐；果面深红色，有光泽；果肉全红，质地坚硬，耐贮运，在 0℃条件下可贮藏 8 天；果实品味佳，酸甜适度，具有浓郁的芳香，可溶性固形物含量达 9%～12%；平均单果重 19 克，第一级序果平均单果重 25～35 克。一般株产 350～500 克，667 米^2 产量2 000～4 000千克。

该品种适应性和抗病虫能力强，属于中早熟品种，露地栽培比全明星早熟 1 周，保护地栽培比全明星早熟 10 天。适合露地和保护地栽培。

⑰新丰 1 号（XF-1）。该品种植株直立，生长旺盛。花略高于叶片，花期较长，花芽分化位置较低。果实长圆锥形，果个大，整齐一致，平均单果重 22 克，第一级序果平均重 33～35 克。果实鲜红色，果面整洁美观，种子与果面平齐，果肉硬，耐贮运；含糖量高，酸味小，可溶性固形物含量 6%～12%。

⑱土特拉。该品种秧苗粗壮，移栽后生长旺盛。吸收根发达，发苗快，株形大，分株力强。花托长，花和叶片平齐，大多数花为单花序。果实外观好，长圆锥形；种子陷于果面内，颜色鲜红，有光泽；果实硬，耐贮运；质地细致，甜酸适口；可溶性固形物含量为 7%～9%；果型大，大果率高，第一级花序平均单果重 30 克，最大果重 100 克。在整个采收期内，产量分布均匀，没有明显产量高峰，667 米^2 产量2 500～4 000千克。北方设施栽培和南方地区栽培采收期可持续 4～5 个月。耐盐碱，对草莓主要病虫害抗性较强，但对白粉病抗性较弱。

提　示　板

选择栽培品种首先要考虑栽培需要，促成栽培要选择休眠期短的品种；抑制栽培要选择休眠期长，并且耐寒的品种；半促成栽培品种选择范围较广些。其次要考虑栽培地区，南方地区可选择休眠浅的品种，因南方温度高，草莓不易通过自然休眠；北方地区可选择休眠期长的优良品种，北方低温时间长有利于解除休眠，自然休眠解除后植株生长结果好。再次就要考虑用途，是鲜食还是加工。同时也要参考园地与市场的远近。

55. 无公害草莓周年生产怎样安排茬口?

草莓茬口的安排要因地制宜，根据当地的气候条件、市场情况、保温措施、草莓品种等一系列因素，科学合理地安排茬口。具体应考虑以下几个方面：

（1）根据保温性能安排茬口　保护地设施不同，定植时期不同。保温性能好的温室，1 年可生产两茬草莓，前茬进行促成栽培，后茬在前茬草莓采收后再定植进行半促成栽培。

（2）根据市场需求安排茬口　草莓保护地栽培商品性较强，其效益取决于市场的需求。我国在元旦和春节期间草莓需求量大，按照此时上市去安排茬口，能获得较高的经济效益。

（3）根据品种特性安排茬口　日光温室定植草莓后，一般品种 3 个月至 3 个半月可采收。如果是四季草莓或休眠极短的草莓品种，2

个月至 2 个半月可进行浆果采收。然后参照市场需求，确定定植时期。

(4) 要有利于轮作倒茬 草莓连作发生病虫害严重，在茬口安排上要考虑轮作。轮作时可与蔬菜和大田作物交替种植，但不能与番茄、茄子、辣椒、烟草等茄科作物轮作，防止病虫交叉感染。

(5) 要有利于提高土地利用率 保护地栽培是高投入高产出的农业技术措施，单位面积内获得最大产出是保护地栽培的根本目的。上海在葡萄保护地行间栽植草莓，就取得较好效果。其方法是春季栽葡萄苗，当年 10 月上旬在葡萄行间栽草莓，栽后覆盖黑色地膜，翌年 1 月上旬覆盖棚膜。其结果是草莓的成熟期比露地栽培早 3 个月左右；葡萄成熟期提前 18 天。

依据近些年草莓栽培情况，草莓茬口安排见表 10。

表 10 各种设施与不同栽培方式下的茬口常规安排

<table>
<tr><th>设施类型</th><th>栽培方式</th><th>定植时间</th><th>开始保温时间</th><th>采收时间</th></tr>
<tr><td rowspan="3">日光温室</td><td>促成栽培</td><td>8 月下旬</td><td>10 月 20 日左右</td><td>12 月上中旬</td></tr>
<tr><td rowspan="2">半促成栽培</td><td>9 月中旬</td><td>11 月 20 日</td><td>翌年 1 月中旬</td></tr>
<tr><td>12 月初</td><td>12 月中下旬</td><td>翌年 3 月份</td></tr>
<tr><td rowspan="3">塑料大棚</td><td>南方促成栽培</td><td>9 月中旬至 10 月初</td><td>10 月下旬至 11 月上旬</td><td>翌年 1 月中旬</td></tr>
<tr><td>南方半促成栽培</td><td>12 月中旬</td><td>12 月下旬至翌年 1 月上旬</td><td>翌年 3 月份</td></tr>
<tr><td>北方半促成栽培</td><td>9 月下旬</td><td>翌年 2 月上旬</td><td>翌年 4 月份</td></tr>
<tr><td rowspan="3">小拱棚</td><td rowspan="3">半促成栽培</td><td>辽宁 8 月下旬至 9 月上旬</td><td>10 月下旬至 11 月上旬</td><td>辽宁翌年 5 月中下旬</td></tr>
<tr><td>山东 9 月上中旬</td><td>气温降至 5℃</td><td>山东翌年 5 月上旬</td></tr>
<tr><td>江苏 9 月下旬至 10 月上旬</td><td>气温降至 5℃</td><td>江苏翌年 4 月中旬</td></tr>
</table>

（续）

设施类型	栽培方式	定植时间	开始保温时间	采收时间
地膜覆盖	半促成栽培	辽宁8月下旬至9月上旬	10月下旬至11月上旬	辽宁翌年5月下旬至6月上旬
		山东9月上中旬	气温降至5℃	山东翌年5月中旬
		江苏9月下旬至10月上旬	气温降至5℃	江苏翌年4月下旬至5月上旬

提　示　板

草莓没有明显的休眠期，只要环境能满足草莓生长的需要，任何时间都可定植。在茬口的安排上主要考虑栽培需要，其次要考虑品种特性、保温措施、轮作倒茬和土地利用率等相关条件。

56. 怎样建立草莓的繁殖圃?

目前生产上存在产量低、质量差的一个很重要原因，是育苗技术存在问题。有的地方仍用生产园直接育苗的方法育苗，造成大多数秧苗较弱，品质退化，达不到壮苗标准，且秧苗带有病虫害，造成传染。为此，建立专用繁殖圃是目前草莓高效生产的必经之路。

(1) 选择苗圃地　作为草莓的专用苗圃，首先要选择地势平坦、土质疏松、有机质含量丰富、光照良好、排灌良好、交通方便的地块。苗圃地的前茬最好是大田作物中的豆科作物。避免与草莓、烟草、马铃薯、辣椒和番茄等作物连作，以免共生病虫害互相传染。

（2）整地施基肥 苗圃地选好后，要彻底清除残留作物的枯枝、落叶和杂草，然后进行全面耕翻，耕翻深度为30～40厘米。结合耕翻施入优质农家肥，每667米^2 4 000～5 000千克，农家肥以优质圈肥为主，同时配施磷酸二氢钾或过磷酸钙30～40千克。为防止地下害虫，在耕翻时每667米^{2}可施入一定量的杀虫剂。注意：耕翻时一定要把各种肥料、农药与土壤充分混合均匀。

（3）作畦 草莓繁殖圃通常采用畦栽，土壤深翻后整平做畦，一般畦面宽100～120厘米，长约15米，畦埂宽25厘米，畦面要平。干旱地区宜做平畦，畦埂高15～20厘米；多雨地区宜做高畦，畦沟深10～20厘米。做好畦后，最好灌一次水，将土沉实，以便定植后维持秧苗的正常深度。

提　示　板

高标准的育苗圃能培育出优质的秧苗。所以，在选择苗圃地时要严格把关，选择地势平坦、土质疏松、有机质含量丰富、光照良好、排灌良好、交通方便的地段。选好后结合深翻施有机肥，每667米^2 5 000千克左右，并配施30～40千克磷钾肥。对于连作园或前期种植茄科作物的园地一定要消毒，否则后果难以弥补。最后根据当地的气候特点选做平畦与高畦。

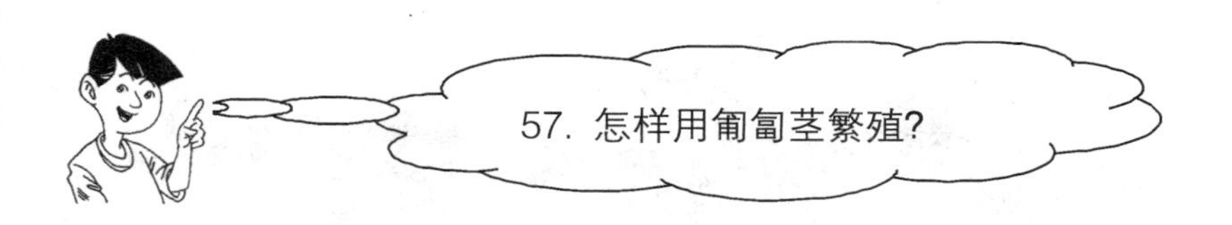

匍匐茎繁殖是草莓生产中最常用的一种繁殖方法。它具有繁殖系数高、保持本品种优良特性、秧苗质量好、方法简便等优点。

（1）母株的选择与定植

①母株的选择。草莓母株的质量直接影响所繁殖的秧苗的质量与数量，从母本园取来的母株，要经过严格的筛选，最好使用组织培养的脱毒苗。没有脱毒苗，可选用露地栽植的上一年生匍匐茎苗。要求：品种纯正，符合原品种特征特性；植株完整，短缩茎粗度在 1 厘米以上；具有 4～5 片发育正常的叶片；根系发达；无病虫害。选择的母株一定要通过自然休眠阶段，一般来说，母株经受低温时间长，匍匐茎发生数量多；反之则少。所以，一般不用保护地栽培的植株做母本。

②母株的定植。定植时期可以在秋季和春季。秋季定植即直接将所选母株定植到繁殖圃。春季定植则是先将母株在秋季假植，第二年春 3 月下旬至 4 月上旬，土壤化冻后秧苗萌发前进行定植。过早，土壤未完全解冻，起苗不方便；过晚，秧苗开始生长，消耗了草莓的自身营养，影响栽植后的成活率和抽生匍匐茎的能力。

栽植密度应根据品种抽生匍匐茎的能力、土壤肥力和管理水平而定。抽生匍匐茎能力强的品种，每畦栽 1 行，株距 60 厘米；一般品种，每畦栽 2 行，每行距离两侧畦埂 25 厘米，每行株距 50 厘米。栽植时注意栽植深度，过深，苗心被土埋没，新叶不能伸出，引起苗心腐烂，导致秧苗死亡；过浅，根系外露，也会因吸水部位减少致使秧苗干枯而死亡。一般栽植深度为：苗心与地面平齐，做到上不埋心，下不露根（图 26）。

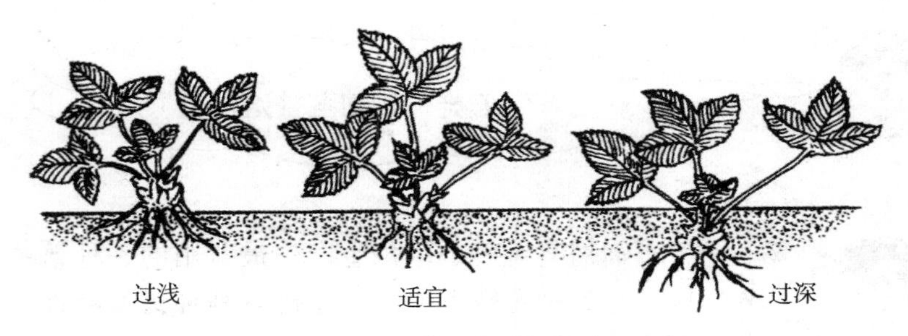

图 26　草莓适宜栽植深度

栽时尽量使根系充分舒展，将根茎的弯曲面朝向畦中央，这样可使匍匐茎长出后向畦面延伸而不向畦沟（埂）伸长。

(2) 苗圃园的管理　秧苗定植后及时浇透水。对栽植过深、过浅的秧苗及时调整，对倒伏秧苗应及时扶正。定植后的一周内要每天浇一次水，直到新叶发出，秧苗成活。秧苗成活后，应及时进行一次中耕松土，消除因多次浇水造成的土壤板结。在匍匐茎大量发生期，一定要保证土壤的湿度和疏松度。每次应浇小水，不可大水漫灌，浇水后要在地皮发干前及时松土。雨季注意排涝，防止淹苗，确保匍匐茎生根长叶。

当母株的花序显露时，要及时摘除花序。摘除越早越好，这样可以节省营养，有利匍匐茎的发生和幼苗的生长。

苗圃地由于土质肥沃，空间大，极易生长杂草。因此，锄草是草莓苗圃管理的一项重要工作，需要及时进行。匍匐茎大量发生前，结合除草、松土，及时摘除老叶及花序；匍匐茎大量发生后，不宜用锄头除草，以免损伤匍匐茎，应该用手拔除杂草。

草莓苗期一般不追肥，以防徒长。如果底肥不足，发现叶色较淡，叶柄较细，应进行追肥。每 667 米^2 追施尿素 15 千克，一般需追施 2～3 次。如果叶面喷肥，一般每隔 10～15 天喷一次，肥料以尿素和磷酸二氢钾为主，喷施浓度 0.3％～0.5％，促进秧苗的生长和匍匐茎的发生。

秧苗抽生匍匐茎后，要及时引蔓、压土。将多条匍匐茎均匀地摆在母株两侧，在节位上培土压蔓，使匍匐茎的叶丛基部与土壤接触，促发新根。当产生的匍匐茎数量已达到规定数目时，一般可对匍匐茎进行摘心，这样既可节省养分，又可促进花芽分化。对于后期抽生的细弱匍匐茎要疏除。

有些草莓品种抽生匍匐茎的能力弱，可在旺盛生长期喷 5～10 毫克/千克赤霉素，每株 5～10 毫升，以促进形成较多的匍匐茎。一般在 6 月初、6 月中下旬、7 月上旬喷 2～3 次，但后期应停止使用，以免影响秧苗的花芽分化。同时，在苗期还应及时摘除老叶，防止病虫害的发生。

秧苗在苗圃地内要及时断根、断茎。当匍匐茎苗长出 4 片叶后，可将其同母株连接的匍匐茎切断，使其脱离母体成为一株独立生长的秧苗。在花芽分化前 10～14 天（7 月下旬），对生长健壮的具有 4～5 片叶的秧苗进行断根处理，以减少对氮素的吸收，抑制地上部营养生长，促进花芽分化。

提　示　板

匍匐茎繁殖中母株选择非常重要，应选品种纯正，符合原品种特征特性；植株完整，短缩茎粗度在 1 厘米以上；具有 4～5 片发育正常的叶片；根系发达；无病虫害的秧苗。母株栽植时，苗心与地面平齐，做到上不埋心，下不露根。秧苗在生长阶段要及时引蔓、断茎，并随时摘除花序要保持土壤疏松、湿润。

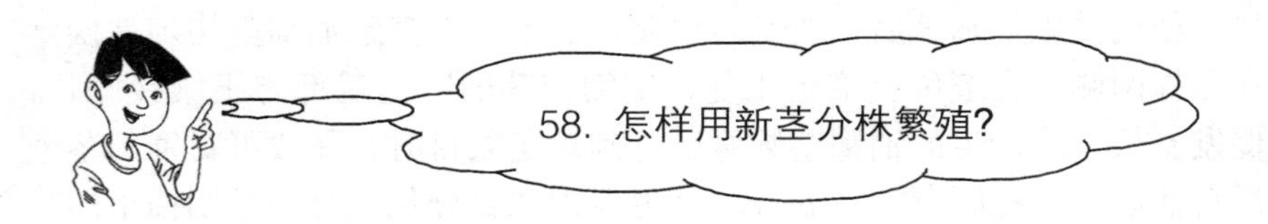

58. 怎样用新茎分株繁殖?

新茎分株繁殖法又称老株法，或分墩法，就是利用母株上产生的新茎分枝进行繁殖。草莓的新茎在生长期里，除了抽生大量的匍匐茎外，还能发出数个新茎分枝，这些新茎分枝在基部能发生不定根，把母株上的新茎分枝连同根系一起掰下，即可得到一株完整的子苗。这种方法适用于需要更新换地的草莓圃，或者不易发生匍匐茎的草莓品种。

具体方法是：在浆果采收后，加强对植株的管理，7 月中旬至 8 月上旬，当老株地上部分每个新茎分枝达到 4～5 个发育良好的健壮叶片，地下有新根发生时将秧苗整墩翻起，剪除下部黑色的不定根和衰老的根状茎，分离 1～2 年新生长的根状茎，使每株新茎苗带有一定数量的白色新根，分离后的新茎苗立即进行假植。

这种繁殖方法操作简便，省去育苗过程。但繁殖系数低，秧苗质量不如匍匐茎苗，单株产量低，并容易带有病虫害，所以它只是草莓繁殖方法的补充。生产上除了急需秧苗外，一般不用此法。

提　示　板

草莓的新茎基部能发不定根，把新茎与母株分离就能得到新的植株。这种秧苗因与母株长时间生长在一起，易感染病虫，秧苗质量也不好。所以，它只是苗木繁殖过程中的一种补充，除了缺苗外，一般不用。

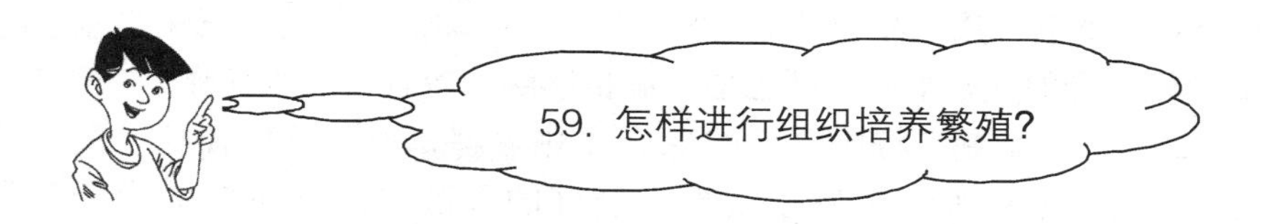

组织培养繁殖法是利用细胞的全能性和组织的再生能力，切取草莓植株的部分组织或器官，在无菌条件下，接种到人工配置的培养基上，使之发育成完整的植株。草莓组织培养繁殖的优点是：

（1）植株健壮结果好 任何植物在长期的无性繁殖过程中都容易感染病毒，受到病毒感染的植株生活力衰退，产量降低，品质变劣。而组织培养繁殖的整个过程是在无菌环境中进行的，对于做繁殖材料的茎尖也要进行脱毒处理，这样所得的秧苗不含或少含病毒，比一般秧苗叶片大而厚，叶色浓绿；生长健壮且整齐一致；结果期延长 3 周，平均增产 20%左右；果个大，品质优。

（2）繁殖速度快 利用组织培养法繁殖草莓，一年内一个分生组织可获得几千株甚至几万株秧苗，这种繁殖方法对加速新品种推广，特别是对抽生匍匐茎低的品种的繁殖更为有利。

（3）繁殖不受季节限制 组织培养是在操作室和配套温室中进行的，不受外界环境条件的影响，一年四季均可生产，在人工控制条件下，可进行工厂化育苗。

（4）节省土地，利于种质保存 用组织培养法繁殖是在实验室中进行的，对露地占用少。所以，不仅节省土地，便于管理，而且对保存种质资源更加安全。

组织培养繁殖有以下几个步骤：

（1）配制培养基 常用的培养基是 MS 培养基、怀特培养基，其配方见表 11。

①配制母液。将营养成分中大量元素扩大 10 倍，微量元素扩大 100 倍。把大量元素、微量元素、有机生长物质分别贴上标签，放在

3～5℃环境中待用。植物生长调节剂如6-苄基嘌呤、激动素用少量0.5摩尔/升的盐酸溶解，萘乙酸用酒精溶解，溶解后加水稀释。

②培养基配制。将所要用的琼脂加热溶解，加入蔗糖搅拌，配制成琼脂一蔗糖液。然后按量把配制好的母液置入准备好的容器中，接着把琼脂-蔗糖液也置入同一容器中，充分搅拌，定容到规定的体积。

③调整酸碱度。琼脂培养基加热灭菌时，pH会降低0.1～0.3，所以在加热前用0.1摩尔/升的盐酸或氢氧化钠液调整培养基的pH。

④高温消毒。把培养基趁热注入试管或三角瓶内，注入量为容器容积的1/3左右，塞上棉塞，缚紧，放入高压蒸汽锅内灭菌。蒸汽锅压力维持在78.5～98千帕，时间为10～20分钟。

表11　营养基配方

单位：毫克/升

序号	化合物	MS	White
1	硝酸钾（KNO_3）	1900	80
2	硝酸铵（NH_4NO_3）	1650	—
3	四水硝酸钙［$Ca(NO_3)_2 \cdot 4H_2O$］	—	300
4	硫酸钠（Na_2SO_4）	—	200
5	七水硫酸镁（$MgSO_4 \cdot 7H_2O$）	370	720
6	七水磷酸二氢钠（$NaH_2PO_4 \cdot 7H_2O$）	—	16.5
7	磷酸二氢钾（KH_2PO_4）	170	—
8	氯化钾（KCl）	—	65
9	一水氯化钾（$KCl \cdot H_2O$）	440	—
10	四水硫酸锰（$MnSO_4 \cdot 4H_2O$）	22.3	7.0
11	七水硫酸锌（$ZnSO_4 \cdot 7H_2O$）	8.6	3.0

（续）

序号	化合物	MS	White
12	硫酸铁［$Fe_2(SO_4)_3$］	—	2.5
13	五水硫酸铜（$CuSO_4 \cdot 5H_2O$）	0.025	0.001
14	氧化钼（MoO_3）	—	0.001
15	硼酸（H_3PO_3）	6.2	1.5
16	碘化钾（KI）	0.83	0.75
17	六水氯化亚钴（$CoCl_2 \cdot 6H_2O$）	0.025	—
18	二水钼酸钠（$Na_2MoO_4 \cdot 2H_2O$）	0.25	—
19	肌醇	100	100
20	烟酸	0.5	0.3
21	盐酸硫胺素	0.4	0.1
22	盐酸吡哆醇	0.5	0.1
23	甘氨酸	2.0	3
24	蔗糖	30 000	20 000
25	琼脂	10 000	10 000
26	pH	5.8	5.6

（2）选材与消毒 选取健壮植株上充实、小叶尚未展开的匍匐茎先端3厘米左右的幼嫩组织作培养材料。将材料用洁净流动的清水冲洗0.5～1个小时，然后用70%的酒精浸泡1分钟，再用0.1%升汞水浸泡7分钟，最后用无菌水冲洗2～3次。

（3）接种 在无菌的超净工作台上，用镊子去掉茎尖组织的叶片，在解剖镜下，用消过毒的刀片切取茎尖分生组织0.3～0.5毫米大小，放入备用的培养基上。

（4）初代培养 将接过种的试管或三角瓶放置在温度25～28℃，光照强度2 000勒克斯，每天照射10小时的无菌条件下进行培养。10～15天接种物开始萌发，再经7～10天接种物产生很多小芽，形成芽丛；3 个月后，无根苗长至 3～4 厘米。这时初代培养结束。

（5）继代培养 当初代培养的无根苗长到 3～4 厘米时，将其取出进行生根培养。把剩下没达到 3～4 厘米的芽，按 3～4 个芽为一个芽丛重新分开，再重新植入同种培养基（初代培养基）上进行增殖培养，这种增殖培养称继代培养。1 个月左右新的一批无根苗又繁殖出来，再用同种方法进行下一次继代培养。

（6）生根培养 将初代培养或继代培养的高度已达到 3～4 厘米的无根苗，扦插到珍珠岩内进行生根培养。生根培养的苗床温度保持在 18～20℃，空气湿度在 80%以上，珍珠岩中要喷洒营养液和生根素。20 天以后，当秧苗长出 3～4 条，长度达 1.5～2.5 厘米的根系时，可进行移栽锻炼。目前国内比较常用的营养液配方见表 12。

表 12 营养液配方

化合物名称	园试配方			
	化合物用量		元素含量（毫克/升）	大量元素总计（毫克/升）
	毫克/升	毫摩/升		
$Ca(NO_3)_2$	945	4	N112 Ca160	N243 P41 K312 Ca160 Mg48 S64
KNO_3	809	8	N112 K312	
$NH_4H_2PO_4$	153	4	N18.7 P41	
$MgSO_4.7H_2O$	493	2	Mg48 S64	
Na_2Fe-EDTA	20	—	Fe2.8	
H_3BO_3	2.86	—	B0.5	
$MnSO_4 \cdot 4H_2O$	2.13	—	Mn0.05	
$ZnSO_4 \cdot 7H_2O$	0.22	—	Zn0.05	
$CuSO_4 \cdot 5H_2O$	0.08	—	Cu0.02	
$(NH_4)_6Mo_7O_{24} \cdot 4H_2O$	0.02	—	Mo0.01	

注：参引 2001 年张福墁主编《设施园艺学》。

（7）移栽 当秧苗已长出3～4条1.5～2.5厘米长新根时，可移栽到室外进行土壤育苗。移栽后的前两周应覆盖薄膜与覆盖遮阳网，保持土壤和空气湿度，缓苗后撤除覆盖物。

提 示 板

组织培养能培育优质的壮苗，但技术要求比较严谨，目前还只在科研院所进行。随着科技的进步，大型繁育场将逐步得到推广。无毒育苗将是草莓苗木繁育的主要手段。

假植育苗在草莓保护地栽培中被广泛应用，对提高单位面积产量，提高果品质量起很大作用。秧苗假植就是把苗圃中的秧苗挖出，移栽到假植床或营养钵中继续培养一段时间，然后再定植到生产园中。假植秧苗占地面积小，便于管理；幼苗经过筛选，大小均匀、整齐一致，再经过一段时间的培养，秧苗质量高；假植苗断根早，减少了对氮肥的吸收，有利于花芽分化；假植可促进秧苗新根生长，提高了秧苗的成活率。

（1）整地做假植床 假植床应选择在生产园附近，以便于管理和栽植，地块自然条件同繁殖圃。地块选好后进行深翻，一般深度为15～20厘米。然后整平做畦，畦宽1米，长10～20米，畦内施基肥1～2厘米厚，并将畦内基肥与表土混匀，浇透水，2天后假植。基肥的配方是：骡马粪占20%，腐熟的鸡粪或猪粪50%，草炭土或绿肥30%。另外加少量化肥（每平方米尿素15克，磷酸二氢钾30克）。

（2）假植　假植的时期应根据设施的种类和栽培方式而定。一般假植时期比生产定植时期早30～60天，不超过60天，以免形成老化苗。促成栽培用苗一般在7月上旬假植，一般栽培于7月下旬至8月上旬假植。南方比北方假植晚，大概推迟20～30天。

起苗的先一天晚间繁殖圃必须浇透水，以减少伤根。起苗时要选择具有3片以上正常叶，新茎粗0.6厘米以上的秧苗。匍匐茎苗先剪断匍匐茎，剪切方法是：靠母株一侧留2～3厘米，远离母株一侧齐根剪断，以便在定植时掌握好方向；匍匐茎剪断后，用移植铲斜铲下去将苗挖出，放置阴凉处等待假植，最好边起苗边假植。秧苗起出后，为了控制病虫害发生，可用300倍甲基托布津溶液蘸根消毒。

假植密度以15厘米×15厘米为宜。深度以根和叶柄分界线在土面1厘米左右为宜。栽时可从畦一端开始，横向开沟浇满水，将假植苗按株、行距摆放在沟内，待水渗后进行培土，栽完一行再栽另一行，整畦栽完后，从畦面再浇一次透水。

（3）假植后的管理　假植后1～5天内每天浇一次水，以后根据土壤湿度及时浇水。幼苗假植时，正是日照最强的夏季，为防止灼伤秧苗，最好在畦面上搭设遮阴棚，缓苗后撤除。假植后1个月以内，结合浇水可追施一次氮磷钾复合肥；假植1个月以后应控制氮肥和水分，保证花芽分化。假植期间，要及时摘除幼苗抽生的匍匐茎，去掉老叶，及时锄草，防治病虫害。

另外，还可用营养钵假植。其方法是：把营养土装入营养钵内少许，然后将秧苗放入钵内，再放营养土，营养土不能把苗心埋上，最后浇足水，放置苗床内或托盘中进行假植。营养钵直径一般为12厘米。营养钵假植的优点是肥水控制方便，花芽分化好，栽植时可连土一起定植，不伤根，缓苗快。

提　示　板

假植是提高秧苗质量，促进花芽分化的有效措施。草莓秧苗的假植开始时间因栽培需要而定，7月上旬假植的，用于促成栽培；8月份假植的，用于半促成栽培。但不论什么时间假植，假植时间不能超过2个月。假植时的前期可结合灌水施入一次氮磷钾复合肥，后期1个月严控肥水。

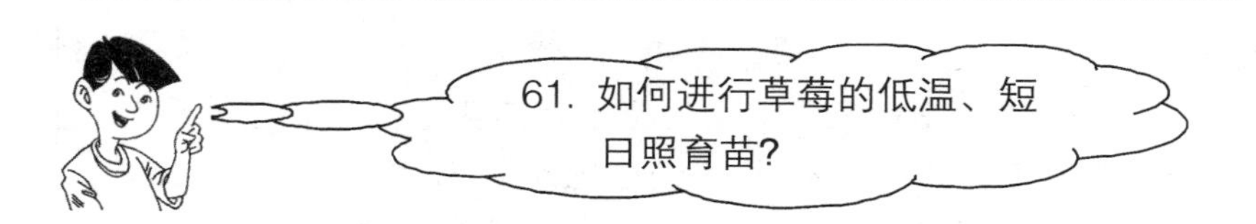

低温和短日照是影响草莓花芽分化的主要因子。将出圃的秧苗置于人为可控制的环境中进行培育，满足草莓花芽分化对低温短日照的要求，促进花芽提早分化，为促成栽培提供优良苗木。

（1）遮光育苗　就是将出圃后进行假植的秧苗用苇子帘、遮阳网、黑色塑料薄膜等进行遮盖，减少阳光直射，降低温度，满足草莓花芽分化对短日照的需求。一般在9月5日至9月25日进行遮光20天，每天控制日照时数短于10小时。遮光处理时，棚拱骨架不能太低，保证通风良好，防止高温危害。

（2）黑暗育苗　黑暗育苗是将优选的秧苗置于不见光的冷库中进行较长时间贮藏。方法是：于8月上中旬将草莓苗放入冷库中，15天后把秧苗取出。秧苗入库前要浇足水，经一夜的预冷后，在清晨放入冷库中。冷库的温度控制在13～15℃，湿度保持在90%左右。湿度不够时，可通过喷水来调控。

（3）夜冷育苗 夜冷育苗是秧苗白天接受自然光照射，夜间放入冷库中进行强低温处理。其方法是：在8月上旬，午后17时把草莓秧苗的育苗盘放入冷库，早晨9时取出育苗盘，连续处理20天，可完成花芽分化。冷库的温度控制在12℃左右。

（4）高山育苗 高山育苗就是利用高山上气温比平地气温低的特点，满足草莓对低温的需求，促进草莓提早进行花芽分化。其方法是：7月上旬起苗，先进行平地假植，这期间要加强肥水管理，使秧苗更加强壮，8月中旬上山，同时氮肥停用；也可在7月上旬起苗后直接上山，在山上进行培育，8月中旬停止用氮肥，9月中下旬下山定植。

促进草莓花芽分化的主要条件是低温和短日照。人为创造条件促进花芽分化的方法有：遮光育苗、黑暗育苗、夜冷育苗、高山育苗。不论哪种方法最好温度控制在12～15℃，光照短于10小时。

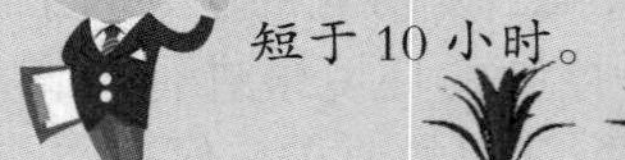

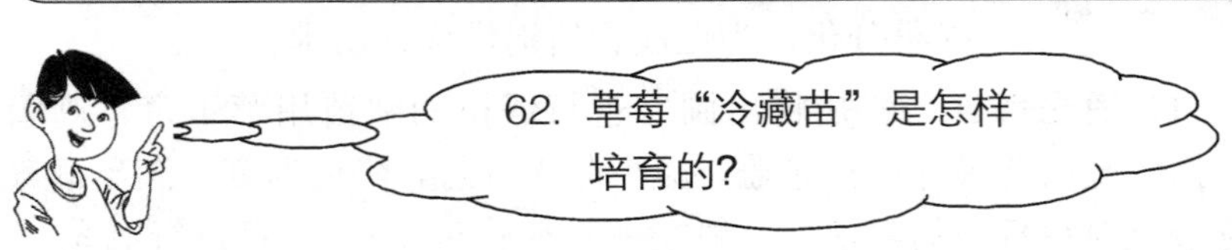

“冷藏苗”是将前一年在苗圃地上育成的已经完成花芽分化的秧苗，置于低温下贮藏，暂时使其处于被迫休眠状态，抑制其生长，在适当的时期，根据栽培需要进行定植的一种特殊育苗方法。此方法育苗用于抑制栽培。

（1）精选秧苗 冷藏育苗是在低温条件下进行的，所以，在品种选择上应选择自然休眠期长、耐低温的抗寒品种。秧苗应选择根系发达，叶片肥厚，株重 30 克以上，发育健壮的大苗。因健壮的大苗贮藏营养丰富，抗寒力强，经过一段时间的贮藏，营养虽然有一部分消耗，但也能有足够的养分供应秧苗初期的生长。因此，在育苗后期要控制氮肥的使用，多施磷、钾肥，防止营养生长过盛，组织不充实。另外，在秧苗选择上，也不能选择花芽分化程度过高的秧苗，因为在花芽雌、雄蕊分化完成后，抗寒能力减弱，易发生冻坏花芽现象，造成产量降低，品质下降。

（2）秧苗包装与消毒 把选好的秧苗抖掉根上的泥土，并用清水洗干净，去掉老叶、枯叶和病叶，选留具有 4 片以上健壮叶片的幼苗待藏。对待藏的苗木和包装材料进行消毒，一般用甲基托布津 300 倍液蘸根或喷洒，然后把秧苗按大小分级装入箱内。包装箱一般为木箱，箱内四周铺上报纸或带孔薄膜，即保证通气，防止捂苗，又能避免大量散失水分。把秧苗侧卧摆成两排，苗根相对，最后把箱封严。

（3）冷藏 冷藏的温度一般在－2～0℃之间，温度过低易遭受冻害；过高秧苗呼吸作用强，消耗营养多，影响秧苗定植成活率。冷藏初期应先“预冷”，让秧苗逐渐适应冷藏时的温度，以免温度突然下降过大产生冷害或冻害。预冷的温度要逐渐降低，预冷时间的长短要根据秧苗自身温度高低和开始冷藏时期而定。秧苗自身温度高，预冷时间要长些；反之，预冷时间要短。冬前冷藏，预冷时间要长些；春季冷藏，因秧苗已适应了冬季的低温，预冷时间就短些或不进行预冷。

冷藏的时期有冬季土壤结冻前冷藏和春季土壤化冻后冷藏。一般以春季土壤化冻后冷藏为好，因为春季冷藏，秧苗经过了冬季低温锻炼，增强了抗低温能力，不需要人工对秧苗进行预冷处理，节省人力、物力。另外，春季开始冷藏比冬前冷藏距定植时间短，秧苗消耗营养和水分少，有利于提高栽植成活率；同时，也可以减少机械和能源消耗，提高经济效益。但春季冷藏应加强秧苗在冬季的管理，防止受冻。

（4）出库定植 出库定植的时期取决于计划采收上市的时期。从市场供应看，8 月下旬至 11 月上旬是草莓鲜果供应的淡季，但高热

的夏季又不利于草莓生产。所以，一般地区在8月上旬出库定植，满足10月份市场至11月份市场需求。这个时期出库定植，外界温度仍很高，而草莓在冷库中却处于半冷冻状态。为此，出库时，把秧苗先放在阴凉的地方，使其逐渐适应外界气温。同时，由于秧苗长期处于缺水状态，为保证成活，定植前必须让秧苗吸足水分。一般方法是在秧苗解冻后，用活水浸根3～4小时。为了达到上述温度和水分条件，生产上一般采用傍晚出库，但不打开贮藏秧苗的箱子，在外放置一夜后，于第二天清晨取出秧苗，用流水浸泡根系3～4小时，上午把秧苗放在阴凉处备用，下午于16时以后定植到生产园中，定植时要剪去坏根与烂叶。

提　示　板

冷藏苗主要用于草莓的抑制栽培。在冷藏过程中秧苗要消耗大量营养，所以，对于冷藏苗要选择新茎粗壮，叶片多，根系数量多的大苗。冷藏前要用甲基托布津等药物消毒。冷藏温度控制在－2～0℃。出库时要进行秧苗适应性锻炼，并让秧苗充分吸足水分，保证成活率。

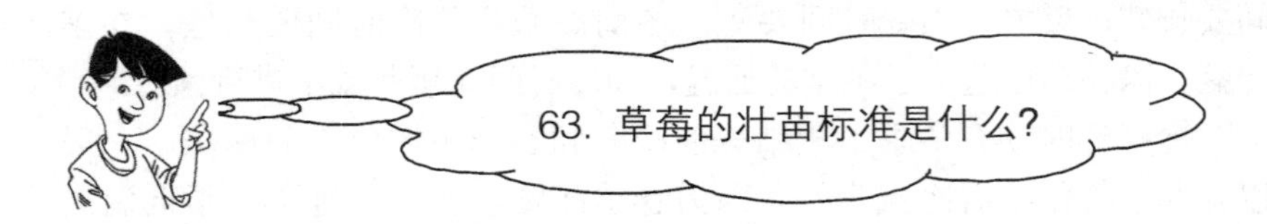

壮苗是草莓丰产的基本保证。目前生产上存在产量低、质量差的一个很重要原因是秧苗较弱，品质退化，达不到壮苗标准，且秧苗带有病虫害。健壮秧苗的一般标准是：具有5～6片正常叶片，叶色不浓不淡，为鲜绿色，叶柄粗壮；根状茎粗1.2～1.5厘米；须根多，长度在 5～6 厘米的根系有 5 条以上，粗而白；株型紧凑，矮壮；侧芽少；全株重达 30 克以上；地下部分重量在 10 克以上；植株完整，根、茎、叶部位没有受损，无病虫害。

草莓秧苗由于栽培目的和栽培形式的不同，对秧苗质量的要求也略有差异。用于加工用的草莓秧苗标准是：具有 4～7 片正常展开的叶；新茎粗 0.8 厘米以上；叶柄短粗，长 10～16 厘米，粗 2～3 毫米；根系发达，一级根 20 条以上。用于抑制栽培的“冷藏苗”标准是：新茎粗 1.5～1.8 厘米，苗重 30～40 克，须根数在 7 条以上，根、茎、叶没有任何病虫害。

提　示　板

优质壮苗是草莓高产优质的先决条件。一般认为合格的秧苗标准是：具有 5～6 片正常叶片，叶色不浓不淡，为鲜绿色，叶柄粗壮；根状茎粗 1.2～1.5 厘米，须根多，长度在 5～6 厘米的根系有 5 条以上，粗而白；株型紧凑，矮壮；全株重达 30 克以上。秧苗过弱，缓苗慢，产量低，推迟成熟期；过旺，营养生长过盛，花果量减少。

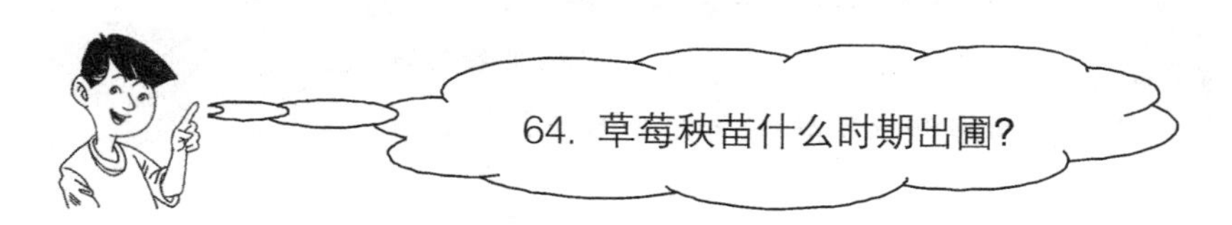

自然条件下，秧苗到了秋季，根、茎、叶达到了出圃规格，即新茎粗 1.3 厘米，功能叶 6～8 片，根长 5～6 厘米，株重 30 克以上，就可出圃。但根

据不同的栽培需要，出圃时期有花芽分化前出圃和花芽分化后出圃。

（1）花芽分化前出圃 一般在8月上中旬，这时匍匐茎苗已长出5～6片复叶，生长比较健壮，出圃后马上移植到生产园，让秧苗在生产园中继续生长发育，花芽分化在生产园中进行。这个时期出圃的秧苗多用于促成栽培。花芽分化前出圃要注意掌握出圃时间，即不能过于提前，也不能太错后。出圃过早，秧苗生长不充实，质量差，影响栽植成活率；出圃过晚，定植后秧苗生长期短，影响花芽分化，产量低，达不到促成栽培效果。

（2）花芽分化后出圃 这个时期出圃多用于半促成栽培或抑制栽培。北方地区一般在9月下旬进行。过早，花芽分化不完全，定植后影响开花结果质量；过晚，气温低，不利于定植后缓苗。花芽分化后出圃的秧苗，应在苗圃地采取促进花芽分化措施，如及时切断匍匐茎、断根、喷施磷钾肥、喷施促花生长调节剂多效唑（PP_{333}）等。这时期出圃的秧苗可直接定植于生产园，在生产园中度过休眠期；也可以进行假植，待解除休眠后再定植生产园。

提　示　板

草莓秧苗达到标准就可出圃。出圃时期有花芽分化前出圃（8月上中旬）和花芽分化后出圃（9月下旬）。前者用于促成栽培；后者用于半促成栽培或抑制栽培。出圃不能过早或过晚，否则影响栽植成活率和开花结果质量。

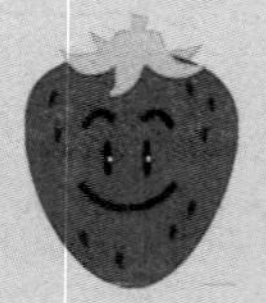

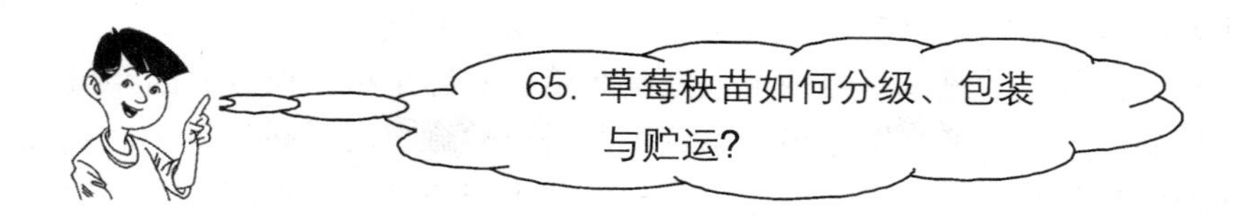

65. 草莓秧苗如何分级、包装与贮运?

随着苗木繁殖产业化的发展，草莓秧苗的分级、包装与贮运显得越来越重要。它对秧苗栽植成活率、开花结实及果品质量起到重要作用。

（1）秧苗分级 草莓秧苗出圃时，要按秧苗大小分开，不同类的秧苗放在一起。草莓秧苗分级指标见表 13。

图 13 草莓秧苗分级指标

项　目	类　别	指　标	
		一级苗	二级苗
根	初生根数	5 条以上	3 条以上
	初生根长	7 厘米以上	5 厘米以上
	新茎粗	1.0 厘米以上	0.8 厘米以上
	根系状态	均匀舒展	均匀舒展
叶	成龄叶柄	4 个以上	3 个以上
	叶色	鲜绿色	鲜绿色
芽	中心芽	饱满	饱满
秧苗受损情况	机械伤	无	无
病虫害	检疫病虫	无	无

（2）秧苗包装 草莓秧苗包装与起苗、分级同时进行。要求起苗快，选苗分级快，包装快。挖起的秧苗，不要把根系长时期暴露在阳光下，可用湿土埋住根系。为了计数方便，把每 50 株或 100 株捆成 1 捆，随后用塑料袋包住草莓根系，装入湿润的草袋或蒲包内，最后放到纸箱或木箱中。箱子里要铺报纸或塑料袋，塑料袋要留有通气孔。装箱时，要使草莓根系相对，茎叶挨着箱帮；不要装的太实，以

便通风散热。装草莓的箱子要留有一定数量的通气孔。

(3) 秧苗贮藏 草莓秧苗最好是起苗后立即定植。但有时因茬口安排的需要，不能立即定植，草莓秧苗需要贮藏一段时间。用于贮藏的秧苗起苗时间尽量晚些，这样草莓秧苗营养积累多，有利于苗木的保鲜。草莓秧苗贮藏时间的确定以当地气温降到0℃以下，土壤封冻前进行。但应根据气温变化灵活掌握，不能太晚，以防发生冻害。被贮藏的秧苗在包装时，捆把不能太大，一般以20株或30株为好，因捆把太大易发生捂苗现象。贮藏的场所应选择背风向阳、地下水位高、交通方便的地块。

贮藏方法为沙藏法。先挖贮藏沟，沟宽60～80厘米，深40～50厘米，长度因秧苗数量而定。贮藏前沟底铺一层细湿沙，随后将草莓秧苗根朝下竖着摆成一排，摆成一排后根部培上一层细湿沙，沙子湿度为10%。然后再摆一层秧苗，再培沙。待整个贮藏沟装满后，上部用草帘或秸秆盖好，土壤封冻时再加盖一些秸秆防寒。

(4) 秧苗运输 草莓苗运输装箱宜在早、晚进行。装箱后及时外运，在运输途中严防暴晒。运输时，车上要留有通风口，装秧苗箱上不要有重物挤压。到达目的地后，迅速卸车，把秧苗放到阴凉处，洒上清水，准备定植。

提　示　板

草莓秧苗要按级别分放，不能杂乱混放，只有这样才有利于定植后秧苗整齐一致，方便管理。包装时要注意保湿与通气；每捆50株或100株，有利于数据统计。秧苗贮藏要注意培苗用的沙子湿度（10%含水量）；捆把要小，一般20～30株为一捆；并注意防寒。秧苗运输晚上装车，途中防止暴晒与挤压。

整地前首先要选择好园地。苗圃地的前茬最好是豆科作物、小麦或瓜类蔬菜，对前茬种过草莓以及烟草、马铃薯、番茄、辣椒等茄科作物地块，一般不选用。如果选用要进行土壤消毒。

（1）整地施基肥 生产园选好后，要彻底清除残留作物的枯枝、落叶和杂草，然后进行全面耕翻，耕翻深度为30～40厘米。结合耕翻施入优质农家肥，每667米^2 4 000～5 000千克，农家肥以优质圈肥为主，同时配施磷酸二氢钾或过磷酸钙30～40千克。为防止地下害虫，在耕翻时可施入一定量的杀虫剂。注意：耕翻时一定要把各种肥料、农药与土壤充分混合均匀。深翻后耙细、整平，准备做畦作垄。

（2）做畦 一般畦面宽100～120厘米，长约15米，畦埂宽25厘米，畦面要平。干旱地区宜做平畦，畦埂高15～20厘米；多雨地区宜做高畦，畦沟深10～20厘米。做好畦后，最好灌一次水，将土沉实，以便定植后维持秧苗的正常深度。保温设施是塑料大棚的就按着大棚走向做畦，畦长15～20米，宽度近为大棚宽度的一半，即中央留作业道，大棚两侧做畦（图27）。

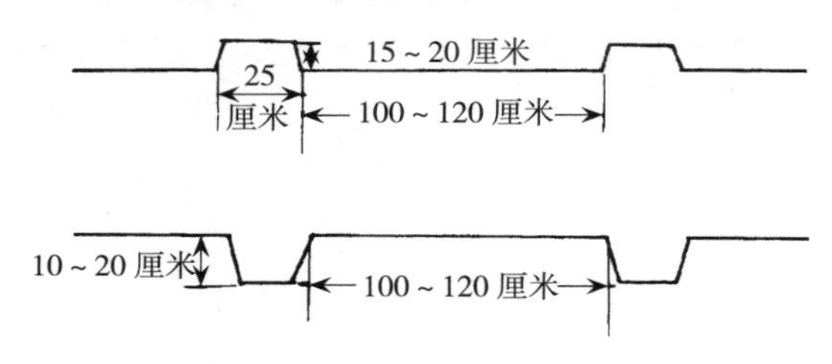

图27 栽植畦断面示意图（上图为平畦，下图为高畦）

(3) 做垄 日光温室中栽培草莓常用垄栽，垄向与日光温室朝向一致，均为南北向。垄宽为60厘米，垄高为20厘米，垄与垄中心距离为80厘米，垄沟宽20厘米。每垄栽两行，垄内行距20厘米（图28）。

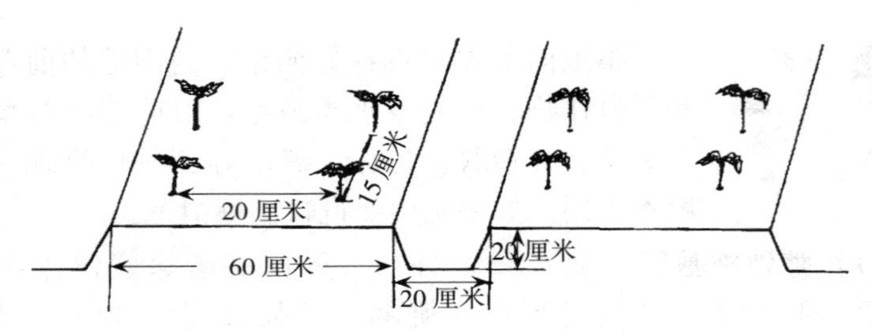

图28 垄栽示意图

垄栽利于排水，可以保持土壤疏松，透气性好；通风透光好，定植后垄沟吸热多，升温快，植株生长健壮，果实品质好，病虫害发生轻；垫果方便，果实极少被泥污染，商品质量高。

提 示 板

草莓园地要选择地势平坦、土质疏松、有机质含量丰富、没有工业污染的地段；同时要考虑阳光照射条件和水质，对于在冬季最短日照少于6小时或水质被工业污染的地段不能作为生产园；交通要方便，但不能靠近公路边，防止灰尘和尾气污染。前茬作物最好是豆科作物。

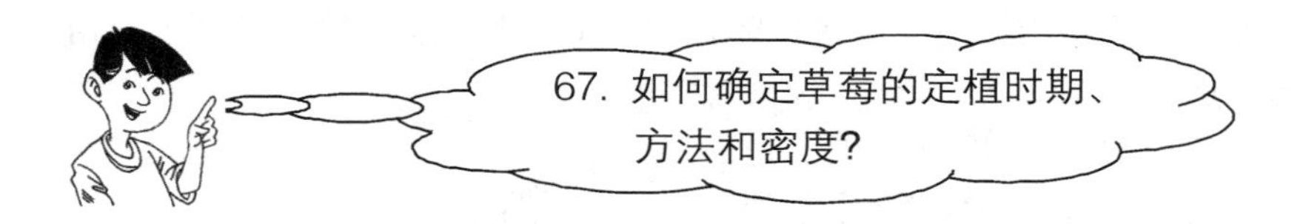

（1）定植时期 地膜覆盖与小拱棚栽培，定植时期以秋季为主。辽宁一般在 8 月底至 9 月上旬；山东、河北在 9 月上中旬；江苏、浙江在 9 月底至 10 月上中旬。秋季定植，土壤含水量较大，气温相对较低，定植成活率高。同时，定植后当年可继续生长一段时间，能积累较多的营养，花芽分化完全，有利于越冬和翌年的开花结果。实践证明，适时早栽，不论单果重，还是总产都较高。

塑料大棚促成栽培定植时期，北方地区一般为 8 月中旬至 9 月上旬；南方地区为 9 月中旬至 10 月上旬。塑料大棚半促成栽培定植时期，北方地区，为 10 月上旬；南方地区在 10 月中下旬。但不论哪个地区、哪种大棚栽培方式都要以当地的气温为准，当气温达到 15～17℃，地温在 20℃左右时定植为好。

日光温室半促成栽培草莓适宜定植的时期较长，南方地区一般在花芽分化以后定植，而北方寒冷地区一般在花芽分化前定植。北方寒冷地区由于秋季低温来得早，定植过晚会影响植株根系的恢复和生长。辽宁地区一般在 9 月上中旬至 10 月上旬，最佳时期为 9 月中旬定植。北方草莓产区也有用物候来确定定植期的，一般以初霜到来时，草莓已成活并恢复正常生长即可。

（2）定植密度 垄栽：每垄栽两行，垄内行距 20 厘米，每穴栽 1 株，株距为 15 厘米；每穴栽 2～3 株，穴距为 25～30 厘米。畦栽：按行距 20～25 厘米，株距 15～20 厘米，每畦栽 4 行，采用宽窄行，即第二行与第三行之间稍宽一些。

（3）定植方法 定植时，秧苗弓背方向要保持一致，垄栽要将秧苗的弓背一侧均朝向垄外，畦栽秧苗弓背方向朝向畦埂两侧。这样植株抽生的花序均朝向畦、垄外侧，便于垫果和果实采摘，有利于秧苗通风透光（图29）。

栽植时注意栽植深度，过深，苗心被土埋没，新叶不能伸出，引起苗心腐烂，导致秧苗死亡；过浅，根系外露，也会因吸水部位减少致使秧苗干枯或死亡。一般栽植深度为苗心与地面平齐，做到上不埋心，下不露根。定植穴要稍大些，栽时尽量使根系充分舒展。

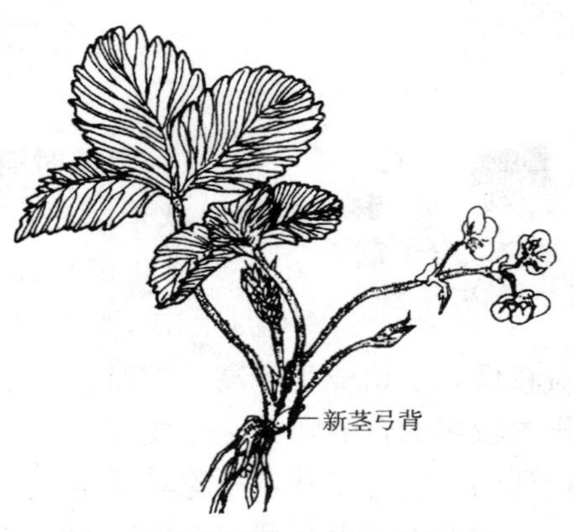

图29　草莓秧苗的新茎弓背方向为花序伸出方向

定植后要立即浇水，促进根系生长发育。一般根据土壤墒情，每3～5天浇1次水，以后可逐渐减少浇水次数，直至秧苗成活。有条件的可进行滴灌或暗沟灌。

提　示　板

定植时间的确定是草莓经济最大化的保证。定植时要充分考虑当地气候条件和草莓上市时间。一般地膜覆盖与小拱棚栽培定植时期以秋季为主；大棚栽培以气温达到15～17℃，地温在20℃左右时定植为好；日光温室栽培，南方地区在花芽分化以后定植，北方最佳时期为9月中旬定植。

定植时深浅适度，做到苗心与地面平齐；秧苗弓背方向要保持一致；垄栽弓背朝外，畦栽弓背朝向畦埂两侧，便于垫果与果实采收。

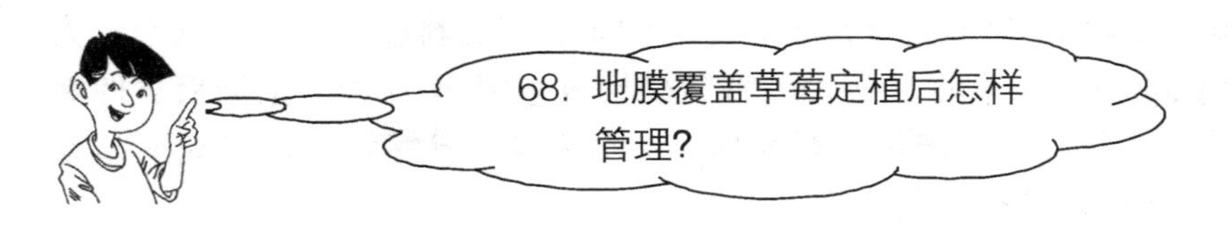

（1）覆盖地膜　覆盖地膜有两个时期：一是越冬前覆盖，一是早春萌芽前覆盖。在北方寒冷地区，以越冬前覆盖为好，一般在日平均气温3～5℃时进行。覆盖过早，容易捂黄叶片，甚至出现叶片腐烂现象；覆盖过晚，草莓苗易受冻害。辽宁一般在11月中旬；河北一般在11月下旬；江苏、浙江等地区为12月上中旬。覆膜前要把草莓的枯枝烂叶清理干净，选择无风天进行。顺着畦或垄的行向把地膜盖在草莓的植株上，薄膜四周用土封严，一般是边覆膜边压土，要求薄膜四周必须平展，不能折卷。畦、垄过长可适当地在一定距离横向压土，使膜面不能鼓起被风撕破。在寒冷地区的冬季，地膜表面要加盖秸秆保温护膜。

（2）破膜与撤膜　温暖地区，草莓破膜与覆膜可同时进行，在覆膜过程中就可割破薄膜把草莓茎叶引出膜外。寒冷地区，因用薄膜进行防寒保温，一般于春季破膜。春季土壤开始化冻，先除去膜上的防寒材料，打扫干净膜面，使地温回升，此时草莓新芽开始萌动，新叶逐渐伸出，当草莓生长到露蕾期时，就可破膜提苗。其方法是：把正对秧苗的地膜划一小孔，将草莓植株轻轻拉出膜外，草莓植株基部再用土将孔口封严，防止风天揭走地膜。破膜不能太晚，如果过晚，膜下温度过高会灼伤叶片。

撤膜是在果实采收后进行，待果实采收后要把残膜全部清除干净，集中处理，不可随便丢弃。因残膜不易腐烂，污染土壤，影响今后土地的利用。

（3）生长期管理

①肥水管理。草莓现蕾后结合灌水进行追肥。在秧苗根系附近的

膜上打孔，孔径2～3厘米，深5厘米，把肥料施入孔内。施肥量为每667米^{2}施尿素10千克，或氮磷钾复合肥20千克。追肥后立即灌水。也可叶面施肥，一般喷施0.2%磷酸二氢钾2次。盛花期喷施0.3%硼砂可提高坐果率。

草莓在花前、花后、果实膨大期需水较多。所以，在这个时期来临之前，根据土壤湿度适度灌水。果实成熟期应适当控水，有利于提高浆果质量。如遇阴雨连天，一定注意排水。有条件的地方最好采用滴灌技术，既可节水又不破坏土壤结构。

②疏花疏果。草莓的花序通常为二歧聚伞花序和多歧聚伞花序，一般1株草莓有1～3个花序。高级序花抽生晚，开花迟，果实个小，商品价值低，甚至只开花不结果。因此，当花序抽出后，在第一朵花开放前，为集中养分，提高果品质量，应疏去部分花蕾。一般是大型果品种留一、二级序花或少留第三级序花；小型果品种留一、二、三级序花。坐果后，一般每株留7～9个果，过多的果应当及早疏除，这样既可保证单果重量，又不影响质量。对于病果、畸形果应及时摘除，以利增大果个，提高浆果品质。

③去老叶、除弱芽、摘匍匐茎。草莓在生长发育过程中，先期生长的叶片逐渐衰老，叶片变黄并呈水平生长，光合能力减弱，对于这类叶片要及时除去，减少营养消耗，改善通风透光条件。同时，摘除老叶还有促进新茎生根，增强植物吸收能力和减轻病虫害的作用。

草莓在整个生育期中，有些侧芽形成晚，不能积累足够营养，芽体萌发后茎蔓生长较弱，形成的叶片较小，抽生的花序梗细弱，花朵数目少，没有商品价值。对于这些侧芽应及早疏除，以节省营养。

生产园中草莓从坐果期开始就发生匍匐茎，到果实采收期达到高峰。这些匍匐茎在生长过程中要消耗大量营养，与浆果互相竞争养分、水分，降低果实产量和品质。同时，匍匐茎遮挡阳光，影响通风，势必影响光合作用，减少光合产物积累。所以，生产园应及时摘除匍匐茎。

提　示　板

当秋冬日平均气温降到3～5℃时覆盖地膜。春季当温度稳定在5℃时清扫膜面，铺设滴灌管道，当草莓生长到露蕾期时破膜提苗。南方温暖地区覆膜与提苗可同时进行。现蕾期打孔施肥，施肥量为每667米^{2}施尿素10千克，或氮磷钾复合肥20千克。追肥后立即灌水。生长期喷施0.2%磷酸二氢钾2次。花期喷施0.3%硼砂或硼酸提高坐果率。另外，在生长期疏除过多花果，去老叶、除弱芽、摘匍匐茎，减少营养消耗，可提高浆果的产量和质量。

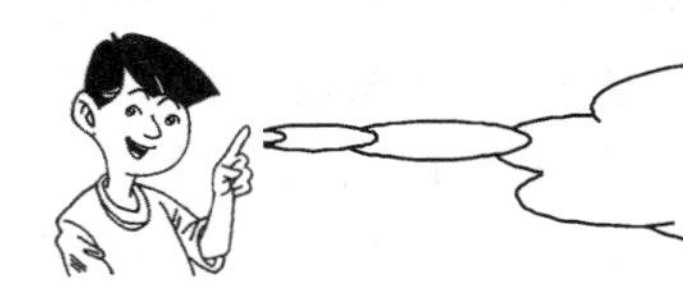

69. 小拱棚覆盖草莓定植后怎样管理?

（1）扣棚保温　扣棚保温的时间应根据园地的气候条件和品种特性来确定。一般休眠浅，需低温积累量小的品种，扣棚保温时期宜早些；休眠深，对低温积累量需求大的品种，扣棚保温相对迟些。对于气候而言，当秋季气温降到5℃时扣棚。辽宁丹东地区在10月下旬至11月上旬。南方地区一般不需秋季扣棚。

（2）扣棚后的管理　扣棚后白天注意放风降温，温度控制在28℃以下，防止灼叶；夜间控制在5℃以上，防止秧苗受冻。当进入冬季时，小拱棚要进行防寒处理，当夜间温度低于5℃时，在小拱棚上加盖草帘、棉被等保温材料。具体方法是：白天通风使温度不超过28℃；晚间密闭，并加盖草帘或棉被保温。当棚内温度在不通风的情况下，不超过28℃时，采取白天揭帘，夜间盖帘措施。当棚内最高温度降到10℃以下时，可将帘子昼夜覆盖，保温越冬。

另一种越冬方法是：当地气温降至－7～－5℃时，撤掉小拱棚上的塑料薄膜，在草莓畦或垄上覆盖地膜，地膜上用农作物秸秆盖严。覆盖物厚度，辽宁10～15厘米；河北、山东等地5～10厘米；冬季最低气温在－7℃以上地区可以不进行覆盖秸秆。

(3) 第二年春季管理 第二年春季当最高气温稳定在0℃以上时(连续5天以上)，采取覆盖草帘越冬的小拱棚，白天揭帘，晚上盖帘，开始升温管理。对于地膜覆盖防寒处理的小拱棚，清除防寒秸秆，清扫干净膜面，开始扣棚升温，随着温度的升高，草莓植株长出2片新叶后，及时破膜提苗。

(4) 生长期的管理

①温、湿度管理。升温后白天温度控制在30℃左右，夜间温度不低于5℃为宜，以促进草莓生长。当土壤完全解冻后，灌一次透水，增加土壤含水量和空气湿度，有利于根系生长。在花期，白天温度控制在20～30℃，夜间控制在5℃以上；如低于5℃，应加盖草帘保温。花期棚内湿度不宜过大，白天可通过放风来降低湿度，这样才有利于授粉受精。果实发育期，白天温度应控制在20～25℃，夜间温度控制在8～12℃，温度过高应及时放风降温。当外界最低气温稳定在8℃以上时，可将棚膜撤掉，实行露地管理。

②植株管理。及时清除老叶，摘除匍匐茎，减少营养消耗，改善光照条件。疏除级次高花序上的无效花果，摘除病虫果、畸形果，提高果品质量。

③土肥水管理。春季扣棚后要及时中耕除草。当土壤完全解冻后要进行中耕松土，清除杂草，以利于保墒，提高地温，为根系生长创造良好的条件。开花期结合除老叶、枯叶进行二次松土，同时给植株根部培土。以后每隔10天左右结合去老叶、除弱芽、摘匍匐茎、疏

花疏果等措施进行田间拔草。

草莓在扣棚后要灌一次水，保证草莓萌芽生长需要。以后浇水视土壤墒情而定，也可按草莓叶吐水情况确定是否缺水。如叶片边缘有吐水现象，说明水分充足，不需浇水；如无吐水现象，应及时浇水。果实成熟期应适当控制水分，以提高草莓果实贮藏性。

草莓的施肥从植株现蕾开始，前期以氮、磷为主，后期以钾为主。一般整个生长季追肥2～3次，花前、花后各1次，以氮、磷肥为主。同时，也可叶面施肥，用0.3%～0.5%尿素或磷酸二氢钾液，每隔10天喷一次，共喷2～3次。

④垫果。随着浆果逐渐膨大，花序梗下垂，果实与土壤发生接触，造成果实霉烂。通过采用铺麦秸、稻草、塑料薄膜等措施把浆果垫起，防止与土壤接触而感染各种霉菌。

提　示　板

北方当秋季气温降到5℃时扣棚，南方地区一般不需秋季扣棚。扣棚后要注意冬季防寒保温，其方法有地膜覆盖与加盖草苫等。第二年春季当最高气温稳定在0℃以上时，揭开覆盖物进行升温管理，当夜间温度过低时，要加盖草苫保温。采用地膜覆盖防寒的小拱棚，当草莓植株长出2片新叶后，及时破膜提苗。

生长期温度管理：升温阶段，白天30℃左右，夜间5℃以上。花期白天20～30℃，夜间5℃以上；果实发育期，白天20～25℃，夜间8～12℃。当外界最低气温稳定在8℃以上时，可将棚膜撤掉进行露地化管理。

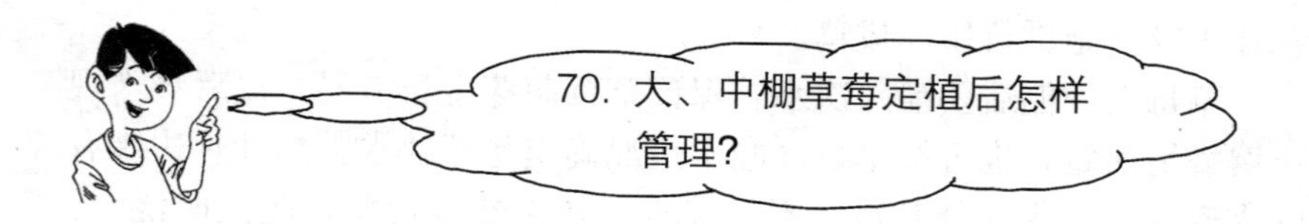

专家解答

（1）栽后肥水及秧苗管理 为保证栽植成活率，栽完秧苗后立即灌水，一周内根据墒情再灌水1～2次。缓苗后追一次氮磷钾复合肥，每667米^{2}施10千克，有利于生长和花芽分化。10月上中旬施一次磷酸二铵，同样为每667米^{2}10千克，以促进花芽发育。施肥时要结合灌水进行，以提高肥料利用率。新叶长出后及时摘除老叶，随时疏除新生匍匐茎。

（2）覆盖地膜 扣棚前，当日平均气温下降到5℃时，草莓秧苗要进行覆盖地膜防寒。当日平均气温降到0℃以下，在地膜上加盖草帘、棉被等防寒物进行越冬。

（3）扣棚升温 扣棚升温的具体时间要根据当地的气候条件来确定，其标准是扣棚后棚内夜间温度要保持在5℃以上。在辽宁丹东地区为2月上旬（立春前后）。开始扣棚时期不能过早，过早草莓提前萌芽生长，自身抗寒力下降，当棚内温度达不到正常生长发育要求时，秧苗就会产生冻害；扣棚过晚，草莓生长发育就向后推迟，上市延后，降低经济效益。

（4）破膜提苗 扣棚后应立即清除地膜上的覆盖物，扫清灰尘与杂物，以利于地膜透光，提高地温。随着棚内温度的不断升高，土壤迅速解冻。一般2周后，草莓植株开始萌动，在秧苗萌发出1～2片新叶时，将地膜割小孔，把秧苗提到膜外。此时，大棚不需放风，要密闭保温，以提高地温，促进秧苗生长。

（5）温湿度管理 草莓萌芽后，白天温度控制在28℃左右，夜间温度控制在5℃以上。如果夜温低于5℃，应在大棚内加设小拱棚。如果还不能保证温度，就采取夜间在小拱棚的膜面上加盖草帘保温。

白天撤掉草帘，再揭开小拱棚薄膜进行升温。

草莓在花蕾显露期，白天温度控制在25℃左右，超过28℃时应放风降温；白天避免出现30℃以上高温，夜间温度应保持8～10℃为宜。

草莓开花期，白天温度以20～25℃，夜间8～10℃为宜。当温度超过30℃时，花粉授粉能力降低；夜间温度在0℃以下时，会使雌蕊遭受冷害，影响受精，所以，夜间注意保温防冻。开花期棚内湿度不能过大，相对湿度一般应控制在60%左右。所以，开花期白天应注意通风换气，降低棚内湿度。

果实膨大期，棚内温度可稍低些，白天20～25℃，夜间5～6℃。夜间温度如果过高，浆果虽然着色快，但易长成小果。所以，在接近果实成熟期，要经常揭膜扒缝，通过棚内外气体交换来调整温度。当夜间大棚外部气温稳定在8℃以上时，可以撤掉大棚塑料薄膜，进行露地方式管理。

（6）赤霉素处理　在草莓促成栽培中，为了防止草莓休眠，可在大棚保温3天后进行赤霉素处理。处理浓度和次数依品种各异。休眠浅，对低温积累量需求少的品种，每株用浓度为8毫克/升的赤霉素5～7毫升，喷1次即可。而对于休眠较深的品种，则每株用浓度为10毫克/升的赤霉素5毫升在扣棚后3天喷1次，10天后再处理1次，才能达到效果。

（7）人工补光　长日照具有防止草莓秧苗进入休眠的作用，在塑料大棚开始保温后，通过人工补光方法，延长光照时间，抑制草莓休眠。光源可用白炽灯替代，每隔4米一只100瓦的白炽灯，安装高度为1.5～1.8米；也可根据面积计算安装白炽灯数量，一般10～14米^{2}安装一只100瓦的白炽灯。补光的时间要根据季节变化而调整，以白天太阳照射时数加上补光时数不低于13小时为准。补光一经开始就不能停止。

（8）棚内放蜂　为了促进授粉，有条件的地方，开花前3～5天在大棚内放蜂，提高坐果率，降低畸形果比率。一般667米^{2}大棚草莓放置2箱蜜蜂即可。蜂箱放入大棚内，要定时用白糖、蜂蜜饲喂。蜜蜂采蜜的适宜温度为20～25℃，蜜蜂喜干燥环境，所以应注意降湿。值得注意的是给大棚通风降湿时，通风口要用网罩或纱布封好，防止蜜蜂飞出大棚。

(9) 其他管理 结合松土、锄草等措施，摘除老叶、弱芽和匍匐茎，减少营养消耗。在花期要疏掉过多的花蕾；坐果后要疏除病虫果、畸形果，保证果品质量。

注意灌水，有条件的大棚最好用管道渗灌或滴灌，垄沟明水灌溉会加大棚内湿度，易引起草莓病害，影响授粉。结合灌水适当补肥，最好采用“水肥一体化技术”，保证后期果实生长发育需要，提高果品质量。

提 示 板

大、中棚定植后的管理关键是温度调控。当秋季气温降至5℃时要覆盖地膜，进入冬季时要在膜面上再加盖一层草苫进行保温，防止秧苗受冻。第二年的2月份，扣棚后夜间温度不低于5℃时开始扣棚升温。扣棚后如果遇到恶劣天气夜间达不到5℃时，可在棚内再扣小拱棚，采取白天揭开小拱棚薄膜吸热，夜晚覆膜保温方式提高温度。进入生长期白天控制在20～25℃，最高不能超过30℃，夜间控制在8～10℃为佳；果实膨大期夜间温度可适当调低一些，有利于营养积累。

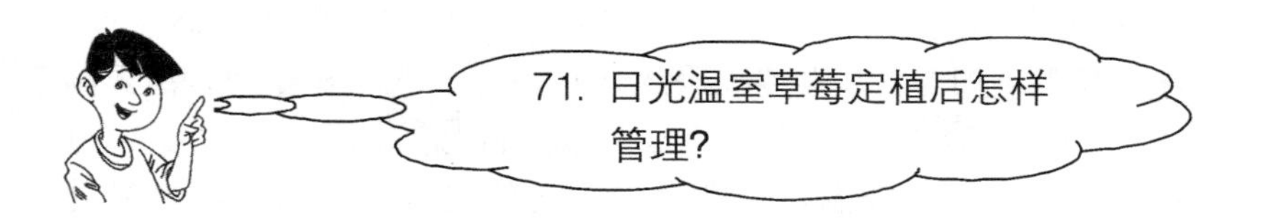

（1）前期肥水管理 为了促进秧苗健壮生长，缓苗后可追施一次氮肥，每667米^{2}施尿素10千克，10月下旬第二次追肥，每667米^{2}施氮磷钾复合肥或磷酸二铵10千克。为了提高施肥效果，最好把肥料溶于水中，配成0.2%的液体，顺畦、垄面打孔浇灌，每株用量0.4～0.5升。北方地区在11月下旬土壤封冻前灌1次封冻水，然后覆盖地膜防寒。

（2）扣棚保温 一般北方草莓半促成栽培多在11月下旬至12月下旬扣棚保温，辽宁地区多在11月20日前后扣棚保温。北方促成栽培扣棚为10月中旬，南方促成栽培为10月下旬至11月初。

扣棚后，没有覆盖地膜防寒的应立即覆盖地膜，以迅速提高地温，避免出现气温高、地温低的状况，这种状况易造成秧苗水分失调，出现生理干旱。覆膜时，有条件的温室应预先埋好滴管；没条件的温室在垄中央留一个小沟，上铺几根稻草，方便以后进行膜下灌水。覆盖后应立刻破膜提苗，防止灼伤叶片。

进入12月份以后，北方地区的日光温室内晚间可能出现0℃以下低温，这时要开始注意保温。一般夜温低于5℃时，就要在温室的膜上加盖草帘、棉被等保温材料，确保草莓生长发育对温度的要求。加盖的保温材料，每天上午8时揭开升温，傍晚16时左右盖上保温。阴天、下雪可不揭帘。随着季节变化，可随着白天日照时数的变化随时调整揭、盖草帘的时间，充分延长日光温室的采光时间。

（3）生长期温、湿度管理 为了尽快打破休眠，促使秧苗生长，确保花蕾发育充实，扣棚后，白天温度控制在26～30℃，夜间9～

10℃，这段时间可持续10～14天。这期间要使室内保持较高湿度，防止主花序开花过早影响侧芽分化现象的发生。花蕾显露期，白天温度要求在20～25℃，夜间8～12℃，此期切忌高温，当温度超过28℃时，应及时放风降温，否则会影响花粉发育，进而影响授粉受精。开花期适宜温度，白天23～25℃，夜间8～10℃，地温保持在18～22℃。开花期温室内一定要保持较低的湿度，空气相对湿度控制在60%左右为宜，湿度过大，不利于花药开裂和授粉。果实膨大期，白天温度控制在18～20℃，夜间温度控制在5～8℃为宜。这段时期温度高，特别是夜间温度高，易出现果实成熟早，果个小现象；温度低，果个虽然变大，但成熟期变晚，也会影响经济效益。

（4）人工补光和赤霉素处理 长日照和赤霉素都具有打破休眠，促进生长的作用。人工补光一般与扣棚保温同时进行，以保证太阳日照时数加上补光时数达到13小时以上。赤霉素处理，通常在保温后3～4天喷一次赤霉素，浓度为5～10毫克/升，每株用量5毫升，喷在植株心叶部位。使用赤霉素时，温度高效果好，一般温度控制在25～30℃；温度低时，易出现花朵数量增多，小果数量增加现象。如果植株生长旺盛，叶片肥大、鲜绿，可不进行赤霉素处理。

（5）生长阶段肥水管理 温室栽培扣棚保温前，植株生长期长，在露地管理中已进行多次追肥与灌水，所以，在草莓生长前期对肥水管理要求不严。如果秧苗生长弱，可在保温初期追施1次氮肥，促进秧苗生长。草莓进入开花和浆果膨大期，需要大量的肥水，也是肥水管理的关键时期。花前喷施0.3%的尿素或磷酸二铵液，每隔10～15天喷一次。花后结合灌水进行土壤施肥，每667米^{2}施氮磷钾复合肥10～15千克。

（6）植株管理 及时去除老叶、病叶、匍匐茎，疏去过多的花蕾和病虫果、畸形果，减少营养消耗。花期采取人工授粉、室内放蜂等措施，提高授粉受精率，减少畸形果和小果数量，提高产量和品质。

提 示 板

温度管理是草莓温室栽培的关键。扣棚后白天温度控制在26～30℃，夜间9～10℃；花蕾显露期白天温度要求在20～25℃，夜间8～12℃；开花期白天23～25℃，夜间8～10℃；果实膨大期白天温度控制在18～20℃，夜间温度控制在5～8℃。开花期空气相对湿度控制在60%左右。

肥水管理是草莓高产优质的保证。缓苗后，把氮磷钾复合肥或磷酸二铵配成0.2%的液体进行水肥一体化滴灌，667米^{2}用量10千克。花前喷施0.3%的尿素或磷酸二铵液，每隔10～15天喷一次。花后结合灌水进行土壤施肥，每667米^{2}施氮磷钾复合肥10～15千克。

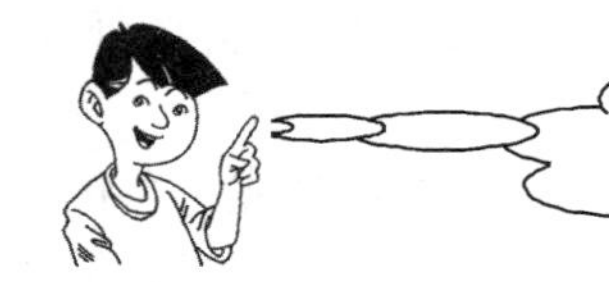

72. 怎样用“冷藏苗”进行抑制栽培?

用“冷藏苗”进行草莓的抑制栽培是缓解草莓市场浆果缺乏的很好措施，同时它对技术要求也比较严格。

（1）秧苗的处理 草莓秧苗在冷库中储存长达7～10个月，一部分叶片发生枯黄，个别植株有可能萎蔫死亡。因此，对秧苗要进行筛选，选那些没有被霉菌污染，叶片绿色，新茎粗壮，芽体饱满，根系鲜褐色的植株进行定植。定植前剪掉根系先端3～5厘米的黑色部分，去掉枯黄叶片，然后用500倍的多菌灵液浸泡根系。为了促发新根，可用ABT生根粉20毫克/千克浸根几分钟。

(2) 秧苗定植 秧苗的定植时期根据计划上市时间而定。定植过早，外界温度过高，日照时间长，草莓茎叶生长过旺，消耗营养多，结果少，产量低。同时果实成熟快，果个小，味酸，经济价值不高。北京地区一般在 9 月中旬前后定植。定植一般选择在晴天的傍晚进行，有利于定植后秧苗的成活。以垄栽为主，每垄栽 2 行，株距20～25 厘米，每 667 米^2 可栽苗7 000株。定植后立即浇 1 次透水。

(3) 遮阳 抑制栽培定植时，正是外界气温最高的季节，为了控制高温和防止土壤及秧苗的水分过度蒸发，提高秧苗成活率，可在垄面上方 1.5 米处覆盖遮阳网。覆盖时间不能过长，一般为 5～7 天，否则影响根系生长。

(4) 肥水管理 秧苗定植后至成活约需 1 周时间，这期间根据土壤湿度情况浇 2～3 次水，此时一般不施肥。秧苗成活后，在草莓秧苗的现蕾开花阶段，结合浇水施入速效肥料，每 667 米^2 施氮磷钾复合肥 15 千克，或尿素 10 千克，硫酸钾 10 千克。果实膨大期，植株需水较多，要保证土壤水分的供应。浆果成熟期，应适当控制水分，促进浆果成熟。

(5) 摘除老叶 秧苗成活后，新叶展开 3 片以上时，把先一年的老叶或黄叶摘除，减少营养消耗，增强通风透光，防止病菌感染。同时除去冷藏过程中被冻伤的花蕾，以免诱发芽枯病。

(6) 扣棚升温 抑制栽培扣棚时期较早，当外界温度降到 20℃以下时就可扣棚，以利草莓的浆果膨大。北京地区扣棚时间一般为 10 月上旬。

(7) 温度管理 扣棚后草莓已进入浆果膨大期，白天温度应维持在 25℃左右。温度过高会使果实成熟快，果个变小，所以，扣棚后温度管理以通风降温为主。以后随着外界温度下降，逐渐减少通风次数，温度白天维持在 20～25℃，夜间维持 8～12℃。夜温如果低于 8℃应采取保温措施。在温度适合情况下草莓的采收期可延续到 1 月份。

提　示　板

抑制栽培是草莓周年生产调节市场供需矛盾的一种举措。在抑制栽培中，冷藏苗除了精挑细选外，要调控好贮藏秧苗时的温、湿度。定植后要避光遮阴，在秧苗上方1.5米处覆盖遮阳网，防止秧苗萎蔫降低成活率。扣棚时期较其他栽培方式早，当外界温度降到20℃以下时就可扣棚，达到提早上市的目的。

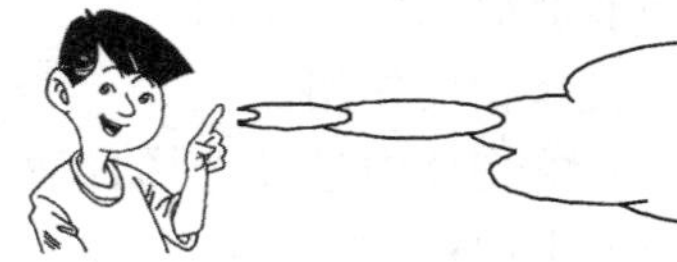

73. 如何应用生长调节剂促花保果?

草莓栽培中应用最多的是赤霉素。在花芽分化完成时，喷施0.01毫克/升赤霉素能促进花芽发育；在形成花蕾时，能使花柄长得长，吐蕾早；在草莓的花期喷10毫克/升的赤霉素，能增加产量，提高果实质量。

在花期喷施4～5次，浓度为800～1000倍的5406细胞分裂素，可加速草莓果实膨大，提高产量和品质。

在花芽分化期喷施浓度为300～500毫克/千克的15%多效唑，能促进花芽分化，提高花芽质量。

在开花期喷施“美国绿洲”提高坐果率，增大果个。方法是每克美国绿洲对水25千克，在露水消失后喷洒叶片。

在花期喷施“保花壮果营养液”提高坐果率；在果实膨大期使用，可增大果个。使用方法是每小包对水15千克，在下午13～15时喷施草莓叶片，多喷叶背效果好。

植物生长调节剂在使用时应注意以下几方面问题：

（1）选用恰当的植物生长调节剂种类 不同的植物生长调节剂对植物起不同的调节作用，有的促进生长，有的促花保果。

（2）配置药剂的容器要洗净 不同的调节剂有不同的酸碱度等理化性质，配置药剂的容器一定要干净、清洁。盛过碱性药剂的容器，未经清洗盛酸性药剂时会失效。

（3）注意使用时期和时间 生长调节剂在植物生长发育某一环节起作用，使用时期一定要得当，过早或过晚都得不到理想的效果。例如：赤霉素前期使用抑制草莓花芽分化，而后期使用又能促进草莓花芽发育。

（4）注意选适宜的浓度和剂型 生长调节剂活性强，使用时要选合适的浓度，浓度过低起不到作用，过高又会起相反作用。

（5）注意使用方式 根据生长调节剂进入植物体内途径选择合适使用方式，如：多效唑通过根部吸收，可施入土中；比久（B_9）在土壤中稳定，残效期长，而易从叶面进入，可用喷洒方式。

（6）注意处理部位 草莓喷施赤霉素时一般喷心叶部位，喷施老叶效果不明显。

（7）注意温度 温度高低对生长调节剂影响很大，温度高时反应快，温度低时反应慢，如在打破草莓休眠时，温度高时使用效果好。

（8）注意使用的次数和剂量 要根据植物的反应决定使用的次数，一般一次，但若效果不佳就要多次，对反应极敏感的可少量多次。

（9）注意生长调节剂的存放 许多植物生长调节剂本身并不十分稳定，如吲哚乙酸见光分解；丰果乐、西威因遇碱遇酸失效；萘乙酸甲酯有挥发性。一定要根据其理化性质妥善保管，否则会降低药效。

（10）注意各种农业技术相互配合 植物生长调节剂不是植物营养物质，不能代替肥料使用。要使其在农业生产上应用获得理想效果，一定配合其他农业技术措施。

提 示 板

植物生长调节剂的合理使用能促进花芽分化和提高花果质量。在使用过程中一定要注意浓度、时期和方法。花芽分化期用0.01毫克/升赤霉素能促进花芽发育，当浓度为10毫克/升则抑制花芽分化，促进茎叶生长；用赤霉素喷施茎叶心部效果好，喷施老叶效果差。细胞分裂素在坐果时使用能增大果个，而在果实膨大期使用则效果不明显。

74. 棚室冬季生产草莓怎样进行二氧化碳施肥?

大棚与日光温室栽培草莓，正值寒冷的冬季，为增加温度一般放风量较小，放风时间短。在揭开草苫不久，光合作用用去大部分二氧化碳，很快棚室内二氧化碳浓度就低于外界（0.03%），致使草莓的光合作用降低。

二氧化碳已成为草莓冬季生产的主要限制因子之一，增施二氧化碳已成为增产的必由之路。据研究，温室中增施二氧化碳会明显提高草莓的光合效率，产量比对照增加20%～50%，并且大果比例增加，含糖量增加，提高果实的糖酸比。

（1）二氧化碳施肥浓度 草莓二氧化碳施肥浓度依品种、光强度、温度高低和肥水等情况而定，一般接近二氧化碳饱和点的浓度是最适合的。但考虑到成本与效益的关系，过高的浓度即使略有增产，意义也不大。目前多以1 000毫克/升作为施肥标准进行二氧化碳施肥。对草莓的研究结果表明，随着二氧化碳浓度增加，草莓光合速率增强，约1 000毫克/升二氧化碳时，光合速率达最大值。近年来，日本多将冬季促成栽培草莓二氧化碳施肥浓度定在750～1 000毫克/升，3月份以后随着换气量增大，二氧化碳损失增加，施肥浓度为500毫升/升。

（2）施用时间 二氧化碳最佳施肥时间是9点至午后16点。如果用二氧化碳发生器作为二氧化碳肥源，施肥时间还应适当提前，使揭草苫后半小时达到所要求的二氧化碳浓度。中午如果要通风，应在通风前半小时停止施肥。

（3）施用时期 促成栽培草莓采收期为12月至翌年3月，草莓坐果最多的时期正是日光温室不放风或少放风的季节，一般11月始用二氧化碳。日光温室草莓覆膜保温后，植株恢复生长，待长出2～3片新叶时，施用二氧化碳为好。

（4）二氧化碳施用方法

①有机物分解法。有机肥施入土壤里分解时释放出大量二氧化碳，每小时释放二氧化碳0.4克。如果每667米^{2}施用秸秆堆肥3 000千克，则可在1个月内平均使温室内二氧化碳浓度达到600～800毫升/升，利用增施有机肥提高日光温室内二氧化碳含量，有一举数得之利。主要不足是这种方法二氧化碳释放量和速度一直平缓，在草莓光合作用旺盛期不能很快达到高峰，有一定局限性。

②化学反应法。常用的方法有盐酸-石灰石法、硫酸-石灰石法、碳酸氢铵-硫酸法。其中，碳酸氢铵-硫酸法取材方便，成本低，应用较多。具体方法是用硫酸与碳酸氢铵反应产生二氧化碳气体。

使用时要先稀释浓硫酸，在耐酸的缸或筒中装入适量的水，把浓硫酸（96%～98%）按1∶7（硫酸∶水）的比例缓慢地沿边沿注入水中，边注边搅拌，一次可稀释3～5天的用量。按667米^{2}温室计算，将耐酸容器吊在距地面1米高处10个点，装上稀硫酸，加入150克左右碳酸氢铵，在卷起草帘后30分钟进行。

提 示 板

人工增施二氧化碳是保护地草莓栽培增产增收的措施之一。目前碳酸氢铵－硫酸法应用广泛，行之有效。首先稀释浓硫酸，按浓硫酸与水比 1∶7 配制，把浓硫酸沿器皿边沿缓慢注入水中，边注入边搅拌，然后分放在各个小器皿中，悬挂起来，在揭开草苫后，按照质量比加入碳酸氢铵。

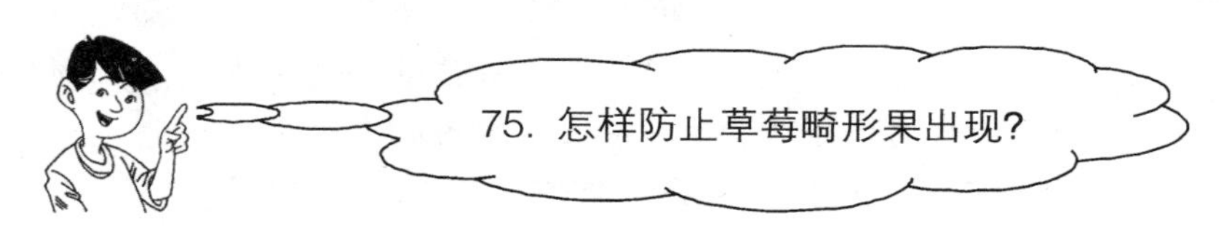

草莓畸形果由于外形不美观，影响商品价值，生产上应严格控制产生比率。形成畸形果的主要原因是授粉受精不充分造成的。

影响授粉受精的因素有内外两方面：一是内在的营养不足，形成的花芽质量差，雌、雄两性器官发育不健全；另一个是外在因素，在开花时环境条件不适宜。如花期温度过高或过低；棚室内湿度过大；花期喷药等。

防止草莓产生畸形果的方法有：

（1）加强植株管理　在草莓的生长前期加强肥水管理，满足草莓对肥水的需求，使植株生长健壮。在花芽分化阶段严格控制氮肥和水分的供应，防止秧苗徒长。如果秧苗生长过旺可在花芽分化前喷施生长抑制剂。

（2）调控好棚室的温、湿度　开花期温度白天控制在 20～28℃，夜间控制在 10℃左右。白天温度达到 30℃时，应及时放风降温；夜间低于 8℃，应加强保温。开花期湿度应控制在 60%左右，超过 80%应放风降湿。

(3) 疏花疏果 及时疏除高级次的花，摘除病果、畸形果、过早变白的小果。

(4) 棚室内放蜂 在草莓开花期，每个棚室放一箱蜜蜂，用蜜蜂进行传播花粉，能有效地减少畸形果数量。

(5) 花期控制用药 草莓在生长过程中，多采用农业综合防治，减少用药数量。

提　示　板

畸形果由于凸凹不平，商品价值低。减少畸形果的栽培措施很多，一般比较常用的有：花芽分化前停施氮肥，喷施磷钾肥；花期尽量少用药，特别不用抑菌灵、克菌丹农药，因它们对花粉的发芽有抑制作用；建造保温性能好的温室，调控好温、湿度；及时疏除花果；采取人工授粉和棚内放蜂。

76. 草莓果实成熟度怎样鉴别？怎样采收？

草莓浆果的成熟度确定有两种方法：一是成熟期推测法。一般草莓开花后 30 天左右，有效积温达 600℃可成熟。但这种方法由于受保温设施、栽培条件、自然条件的影响，成熟期有时有相差所以只能作为参考数值。另一种是形态特征观察法。此种方法就是观察草莓果面着色程度，草莓果面初期为绿色，逐渐变白，接着受光面着色，随后侧面着色，直至果内外全部变成红色或浓红色，并具有光泽。种子也由绿色变为黄色或有红晕，标志果实已经成熟，可以采收。这种方法直观准确，所以生产上常用此法。

草莓采收期的确定受用途和销售距离远近的制约。如果鲜食，且就地上市，宜在八成半至九成熟时采收，也就是果面着色达85%～90%。如果需长途运输，且采收时气温较低，宜在八成至八成半熟时采收，即果面着色达80%～85%；若气温较高，则宜在七成至八成熟时采收。如果用于加工果汁、果酒，宜在九成或九成半熟时采收。如果用于速冻或制作罐头，宜在八成至八成半熟时采收。总之，采收期最早不能早于七成熟，即果面着色达70%；最晚不宜晚于九成半熟，即果面着色达95%。因为低于七成熟，果实营养积累少，汁液不丰富，香气少，品质差；高于九成半熟的果实易碰伤，汁液外流，易被微生物侵染，也会降低品质。

草莓中每个花序抽出时期有早晚，每个花序中的各个小花开放时间也不一致，所以草莓浆果的成熟期很不一致，采摘时要分期进行，采摘初期每隔1～2天采摘一次，浆果成熟盛期每天采摘一次。采收时间一般在早晨露水干后进行，下午在气温凉爽时进行。如果必须中午高温时采收，采收后的果实要放在阴凉处通风散热。

采摘草莓时，用手心托住果实，手指尖捏紧果柄用力折断；或用手捏住果实下端，抬起后轻轻扭转，果实即从萼片与果柄连接处断裂。严防生拉硬拽，损伤果实。采摘下的果实只带萼片，不带果梗，或带有短果梗。因长果梗会刺破周围的果实，使汁液外流，降低果实品质，引起果实腐烂。采摘时，尽量轻拿轻放，减少翻倒次数，最好采摘时直接分级、装箱。对于烂果、病虫果、畸形果应单独存放，不要混装。

提　示　板

草莓果实成熟度的判定有两种方法：一种是物候法，一般草莓开花后30天果实成熟；另一种是直接观察法，观察果面着色程度。采摘时期的确定要考虑市场的远近和浆果的用途。鲜食必须要达到本品种特性，如果用汁液则可完熟，如果贮藏则可提前采摘，但不管何用都应在七成熟以上。采摘时严防生拉硬拽损伤果实，采摘后要轻拿轻放，最好边采收边分级装箱，减少翻到次数。

草莓为高级果品，又是不耐贮运的浆果，所以必须做好包装工作。草莓包装应结合采收进行，随采收随分级包装，以避免多次倒手、倒箱碰伤浆果。草莓根据重量大小分为4级，5～9.9克为S级；10～14.9克为M级；15～19.9克为L级；20克以上为LL级；5克以下因其商品价值非常低，称为废果或无效果。生产上把L级、LL级统称大果，M级为中果，S级称为小果。

生产上常用的包装容器有塑料箱、木箱、纸箱、塑料盒等。包装箱深度不超过20厘米，容量不超过20千克。塑料盒容量在200～300克之间。外运的箱要有一定的坚硬度，摞起来摆放不变形。采收时外界气温高，选用带眼孔的塑料箱或纸箱；外界温度低时，选择不带眼孔的并有一定保温效果的包装箱。包装箱封好后，要系好标签，注明产地、品种、等级和重量。无公害产品要贴上无公害标识。

包装箱在摆放时要少层次，一般为3～5层；车厢底部垫上草帘，防止道路颠簸时直接撞击；包装箱在车上要摆放平稳，捆绑要结实。

草莓在运输时，运输车辆减震要好，行驶速度要均匀，尽量选择平坦路面。冬季运输草莓要注意保温，覆盖棉被；夏季运输草莓要用带篷的车，不能被太阳直射，行驶时间最好在清晨或晚间，有条件的可用冷藏车运输。装卸时要轻拿轻放。

提 示 板

草莓采收、分级、包装应同时进行，防止果实由于翻倒而破损。包装箱要选择正规厂家产品，保证包装箱坚固耐用、规格一致。包装箱上要系好标签，注明产地、品种、等级和重量，对于无公害草莓产品要贴好标识。运输时冬季要注意保温，夏季要防止阳光暴晒，无论冬、夏最好用冷藏车运输，保证鲜果质量。

78. 草莓怎样速冻贮藏?

草莓适宜速冻贮藏。长期速冻贮藏后，草莓能保持原有的品质和风味，为草莓长期市场供应和远销，以及为延长加工期都奠定了基础。

草莓速冻贮藏的步骤是：

（1）原料的挑选 适宜速冻的品种有宝交早生、丰香、全明星、春香、戈雷拉、哈尼等。四季草莓不适宜做速冻贮藏。对于用做速冻的原料要进行检验，品种纯度要高，大小均匀一致，果实成熟度要达到标准。

（2）清洗消毒 用洁净流动的清水冲洗掉浆果表面上的污渍，然后用0.05%的高锰酸钾水溶液浸洗4～5分钟，最后再用清水淋洗3～5分钟。

（3）精选去杂 将冲洗过程中损伤的果和不符合要求的果再进一步剔选，人工将萼片、果柄摘除干净。

（4）控水称重 把洗干净的果实放在带有网眼的筛子上阴干10～15分钟，去掉浆果表面上的水分，以免速冻时发生黏结，利于单果速冻。按照包装要求称重，称重时为了防止浆果掉秤，不够标准重量，可按总重量的2%左右增加一部分重量。

（5）速冻 将草莓按品字形摆在盘中，果实之间要留有空隙，防止冻在一块不易分离。摆好盘后，立即送入速冻车间，温度保持－30～－25℃，冷冻时间5～7小时即可。

（6）包装与冻藏 将速冻好的草莓装入塑料袋中。草莓如果连接在一起，应把它们分开，然后用封口机封好，立即送入－18℃冷库中贮藏。

（7）运输与解冻 速冻草莓运输要用冷藏车，不能让速冻果在销售前解冻。食用前将速冻果放入容器，将容器放入温水中慢慢化开，解冻后立即食用。千万不能解冻后再冷冻，这样会降低品味，失去口感。

提 示 板

草莓速冻是满足人们在草莓生产淡季对鲜食果品的一种需求，也是加工业原料长期供应的一种来源。草莓果在速冻时一定要保证原料质量；调控好温度，温度保持－30～－25℃；准确掌握好速冻时间，冷冻时间5～7小时。运输时要用冷藏车，不能让浆果解冻而失去果品风味。

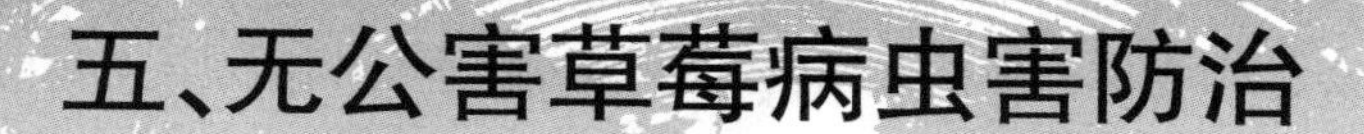

五、无公害草莓病虫害防治

79. 无公害草莓生产推荐使用的农药种类有哪些?

草莓无公害生产不是完全拒绝使用化学农药，无公害草莓生产允许限量使用一些高效、低毒、低残留的化学农药。在化学防治中提高果农的认识水平，是保证草莓无公害生产的关键。因此，掌握必要的农药使用常识，正确选购和使用农药，是有效防治病虫害，保证无公害草莓高产、稳产的一项重要措施。

目前无公害草莓生产中允许使用的农药，在低毒、低残留的前提下，根据用途可分为五类：

（1）防治草莓真菌病害的药剂 50%多菌灵 500 倍液，75%百菌清 600 倍液，25%瑞毒霉 600 倍液，70%代森锰锌 500 倍液，80%乙磷铝 500 倍液，70%甲基托布津 500 倍液，65%甲霜灵1 000倍液，50%速克灵1 500倍液，65%扑海因1 000倍液，50%农利灵 500 倍液，64%杀毒矾 500 倍液，80%炭疽福美 500 倍液，20%三唑酮乳油1 500倍液。一般每 667 米^2 用药液 50～70 升。

烟雾粉尘类农药在保护地施用，不但药效高，而且可降低空气湿度。常用的烟雾粉尘类农药种类及 667 米^2 用量为：20%（或 40%）百菌清烟雾剂 300 克，10%速克灵烟雾剂 300 克，5%百菌清粉尘剂1 000克，10%灭克1 000克等。

（2）防治草莓细菌性病害的药剂 农用链霉素3 000～4 000倍液，

30%DT杀菌剂500倍液，50%丰护安500倍液，27%高铜悬浮剂400倍液，77%可杀得500倍液。一般每667米^{2}用药液60升左右。

（3）防治草莓病毒病的药剂 5%菌毒清300倍液加1.5%植病灵乳剂500倍液，5%菌毒清300倍液加50%抗蚜威乳剂2 000倍液（兼治蚜虫），83-1增抗剂200倍液，抗毒素500倍液，磷酸三钠500倍液。一般每667米^{2}用药液60升。

（4）防治草莓害虫的药剂

①防治咀嚼式口器害虫。50%辛硫磷乳油2 000倍液，90%晶体敌百虫1 000倍液，2.5%功夫（三氟氯氰菊酯）乳油5 000倍液，48%毒死蜱乳油1 000～1 500倍液，10%天王星（联苯菊酯）乳油1 000倍液，21%灭杀毙增效氰马乳油3 000倍液。一般每667米^{2}用药液50千克。

②防治刺吸式口器害虫（蚜虫、温室白粉虱）。25%扑虱净2 000倍液，25%喹硫磷1 000倍液，50%抗蚜威2 000倍液。一般每667米^{2}用药液60升左右。另外，还可使用灭蚜灵烟剂每667米^{2}350克。

③防治红蜘蛛。73%克螨特1 000倍液，25%螨猛1 500倍液，10%螨死净3 000倍液。一般每667米^{2}用药液60升左右。

（5）化学除草剂 草莓园一般不提倡化学除草，应尽量采取人工除草、覆膜除草及种植绿肥压草等物理防治方法。但对除草难度大，可选用高效、低毒、低残留的除草剂。

提　示　板

农药按用途分有杀虫剂、杀螨剂、杀菌剂、除草剂等；按来源分有矿物源农药（石硫合剂、波尔多液）、生物源农药（性信息素、除虫菊素）、化学合成农药（菌毒清、敌百虫）。农药在使用时一定选择低毒、低残留农药。严禁使用明令禁止使用的高毒、高残留、高致变性农药。

80. 无公害草莓生产禁止使用的农药种类有哪些?

草莓无公害生产中，限制使用有机合成农药，禁止使用剧毒、高毒、高残留或致癌、致畸、致突变的农药。见表14。

表14 无公害生产中禁止使用的农药种类

种　　类	农药名称
无机砷杀虫剂	砷酸钙、砷酸铝
有机砷杀虫剂	甲基胂酸锌、甲基胂酸铵（田安）、福美甲胂、福美胂
有机锡杀菌剂	薯瘟锡（三苯基醋酸锡）、三苯基氯化锡和毒菌锡
有机汞杀菌剂	氯化乙基汞（西力生）、醋酸苯汞（赛力散）
无机氟、氯制剂	氯化钙、氯化钠、氟乙酰胺、氟铝酸钠、氟硅酸钠
有机氯杀虫剂	DDT、六六六、林丹、艾氏剂、狄氏剂
有机氯杀螨剂	三氯杀螨醇
卤代甲烷熏蒸杀虫剂	二溴乙烷、二溴氯乙丙烷
有机磷杀虫剂	甲拌磷、乙拌磷、久效磷、对硫磷（1605）、甲基对硫磷、甲基异柳磷、治螟磷、氧化乐果、磷胺、甲胺磷
有机磷杀菌剂	稻瘟净、异稻瘟净
氨基甲酸酯杀虫剂	呋喃丹、涕灭威、灭多威
二甲基甲脒类杀虫、杀螨剂	杀虫脒
取代苯类杀虫杀菌剂	五氯硝基苯、稻瘟醇（五氯苯甲醇）
二苯醚类除草剂	除草醚、草枯醚

提　示　板

棚室环境比较好控制，在草莓无公害生产中尽量不使用农药。如果达到非使的程度，要使用国家无公害生产允许使用的化学农药。严禁为了防治效果而使用剧毒、高毒、高残留或致癌、致畸、致突变的农药。

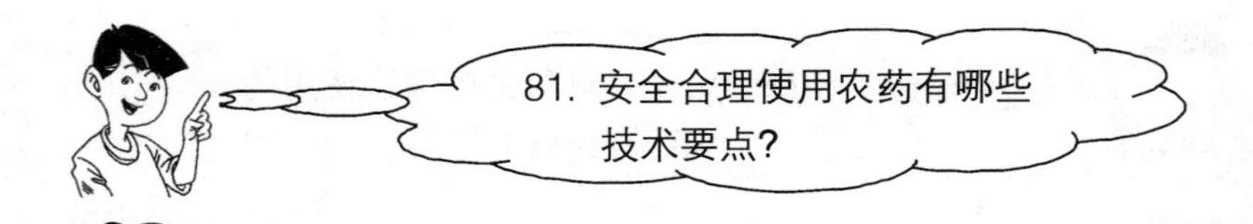

专家解答

使用农药既要做到用药省、效果好，又要对人、畜安全，不污染环境，药物不残留。

(1) 对症下药 要根据不同的防治对象，选用最有效的农药种类和适宜的剂型，才能收到良好的防治效果。各种农药都有一定的使用范围，即使防治范围比较广的农药也不是对所有的病虫害都有效。一般来说，杀虫剂与杀菌剂是不能互相代替的，只有个别农药既可杀虫又可杀菌，如石硫合剂。一种杀虫剂，也不是对所有害虫都有效，如溴氰菊酯对蚜虫防治效果很好，但对红蜘蛛防治效果较差。防治蚜虫使用内吸剂效果好，胃毒剂却很差。因此，要根据不同的防治对象，选用不同的农药。

(2) 适时用药 掌握恰当的用药时机，才能发挥农药应有的效果。防治害虫最好在幼龄期用药，此时的害虫抗药力弱，又未造成危害。对于病害，一般应在发病初期或发病前用药防治。尤其使用保护性杀菌剂（如波尔多液），发病后用药效果较差。

(3) 交替用药 在草莓整个生长季节里，即使防治同一种病或虫，也不要用同一种农药，应几种农药交替使用，以提高防治效果，减缓病菌、害虫产生抗药性的速度。

(4) 掌握好用药量 用药时要准确控制药液浓度、用药量和用药次数。喷药量应该适量，并不是越多越好，超过所需要的浓度和用量，不仅造成浪费，还容易产生药害和发生人、畜中毒事故。如果低于防治需要的浓度和用量，就达不到应有的防治效果。

(5) 安全用药 草莓多用于鲜食，所以开花后应禁止使用残效期较长的农药。采收前 15 天应停止使用农药。用药时应严格遵守操作规程，防止人、畜中毒。

（6）不能随便混用农药 各种农药的理化性质不同，随便混用农药，一方面降低药效，另一方面会产生药害。如波尔多液和石硫合剂不能与酸性农药混用，但可与多菌灵、敌百虫混用。波尔多液不能与石硫合剂同期使用，一般喷波尔多液 20 天以后才能喷石硫合剂；喷石硫合剂后 7～10 天才能喷波尔多液。

提　示　板

安全合理使用农药是草莓无公害生产的重要环节，能否达到无公害食品的要求，目前很大程度取决于农药的使用。在使用农药时应遵循以下原则：对症下药；适时用药；选择合理用药量、用药浓度、用药次数；选用恰当的农药剂型和施药方法；充分了解农药的理化性质，科学合理的混用农药。

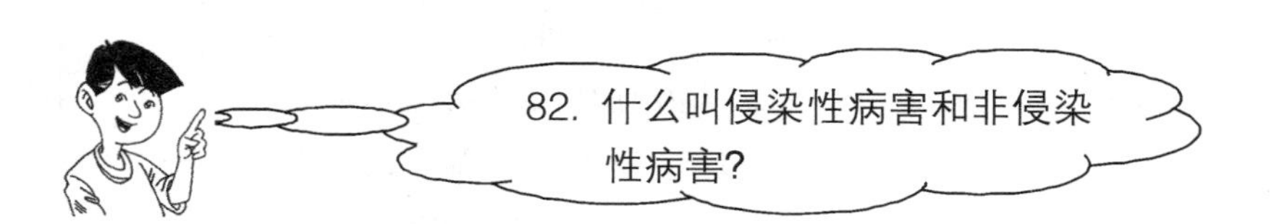

侵染性病害是由病原生物引起的，主要有真菌、细菌、病毒、类病毒、寄生线虫等。这些病害能传染，称为侵染性病害。如草莓的白粉病、叶斑病、病毒病、黄萎病等。非侵染性病害不是由病原生物引起的，不能传染，是由环境条件和营养因素造成的。如温度过高过低，水分过多过少，光照过强过弱，肥水过多或不足，微量元素的多与少，土壤酸碱度不适宜，有毒气体或农药危害引起的生理障碍等。

引发草莓侵染性病害的主要病原物有：

(1) 真菌 真菌侵染主要是菌丝体侵入寄主体细胞，吸收寄主细胞养分，并分泌毒素，使寄主组织器官受到破坏。真菌性病害常见症状有变色、腐烂、猝倒、立枯、穿孔、叶斑、萎蔫、畸形等。繁殖体孢子可寄宿在病株残体、土壤粪肥、秧苗上，借助风雨、昆虫、人的生产活动传播。

(2) 病毒 常见的症状有叶片褪绿、黄化、环斑、植株矮小、叶片皱缩等。病毒的传播方式有昆虫传播、汁液传播、无性繁殖材料传播等。

(3) 寄生性线虫 多寄生于植物的根部，少数寄生于地上部，引起寄主生理机能的破坏，使植株发生病变。表现长势弱、根少叶瘦。

线虫移动性不大，活动范围小，在田间的危害多呈块状分布。远距离传播主要靠种苗、粪肥、农具和水流等。

提　示　板

非侵染性病害是由各种不良环境条件引起的。如干旱、水涝、冷冻、营养失调、盐碱、工厂有毒物质侵害等。这类病害不传染，也不表现病征，又称生理性病害。如缺氮叶片发黄，缺磷叶片发红，缺锌小叶，强光使草莓果表面出现白点等。侵染性病害是由生物性病原引起的，病原物从植物体内外获取养分，以此生活和繁殖后代，植物发病后有明显病征。病原物能通过各种方式传播，引发病害的扩展蔓延。

草莓在生长发育过程中需要很多营养元素，它们可分为微量元素和大量元素，当某种元素缺乏时就会表现出不同的症状。微量元素已在 52 问中介绍，这里只叙述大量元素的缺乏症状及防治。

（1）氮 氮在植物体内可移动，所以缺氮老叶表现明显。生长盛期氮素开始缺乏时，叶片逐渐由绿色向淡绿色转变。当缺氮严重时，叶片变为黄色，比正常叶变小，局部出现焦枯。老叶的叶柄呈微红色，新叶颜色反而更加发绿。由于缺氮造成光合产物积累少，果实生长受阻，果个变小。

缺氮一般是由于土壤瘠薄，施肥量不足，管理粗放造成的。所以在防治缺氮时应改良土壤；增加有机肥数量；及时中耕除草，减少营养竞争。当发现缺氮时，及时追施速效氮肥或喷施尿素，喷施尿素的浓度为 0.3%～0.5%。

（2）磷 缺磷时，植株生长弱，发育缓慢，叶色为紫绿色。缺磷严重时，叶片呈暗绿色或黑色，叶缘有紫褐色斑点。缺磷果个变小，偶有白化现象。

缺磷主要是土壤含磷少，再就是磷被固定，不能被草莓吸收。缺磷可通过土壤施磷肥和叶面喷施磷酸二氢钾来解决。土壤施过磷酸钙，每 667 米^2 施入 50～100 千克，或施氮磷钾复合肥，每 667 米^2 施入 50～100 千克；磷酸二氢钾喷施浓度为 0.1%～0.3%，缺磷严重时可连喷 2～3 次。

（3）钾 缺钾成叶边缘出现褐色或干枯，继续发展为灼伤状；叶柄发暗，进而变为干枯。果实颜色浅，质地柔软，风味差。钾在植物体内可移动，所以缺钾老叶表现明显。

缺钾的原因：一是土壤中钾的含量少；二是施氮肥过多，抑制了钾肥的吸收。防治钾肥缺失的方法有增施有机肥；土壤中施钾肥，每667米^{2}施氮磷钾复合肥50～100千克，硫酸钾667米^{2}10千克；叶面喷施0.1%～0.3%磷酸二氢钾，或叶面喷2%～3%硫酸钾，或叶面喷施10%～20%草木灰滤液。

(4) 钙 草莓缺钙易得叶焦病，即叶片皱缩，顶端不能充分展开，变成黑色。果实发硬，味酸。老叶叶色由浅绿逐渐变为黄色，最后变褐干枯。钙在植物体内移动小，缺钙幼嫩部位表现明显。

防止草莓缺钙可在定植前于土壤中施入硫酸钙，或在生长期喷施0.3%氯化钙水溶液。

(5) 镁 缺镁时，最初叶片边缘变黄变焦，进而叶脉间褪绿出现褐色斑点，但叶脉仍为绿色。缺镁浆果色淡、质软，有白化现象。镁在植物体内可移动，所以缺镁在老叶上表现明显。

防止缺镁可在定植前施入硫酸镁，每667米^{2}4～8千克，或叶面喷1%～2%硫酸镁。

(6) 硫 缺硫与缺氮相似，只是硫在植物体内不易移动，缺失时老叶、幼叶都失绿。定植前在园内施入石膏或硫黄粉，石膏每667米^{2}37～74千克；硫黄粉每667米^{2}1～2千克。

在大量元素施用过程中最好采用配方施肥。由于园地不同，常规施肥有时会造成某种元素过量，使草莓品质下降。据调查，近几年有些草莓园中的草莓酸度过高，这是由于氮素过多的缘故。所以，有条件的地区，应进行土壤养分测定，根据测定结果进行平衡施肥。

配方施肥方法有：

①土壤肥力分区配方法。根据地力情况把地块分成不同区域，然后进行配方施肥。

②目标产量配方法，包括养分平衡法和地力差减法。

营养平衡法公式：肥料需用量＝目标产量×单位产量吸收量－土壤养分测定量×0.15×校正系数/（肥料中养分量×肥料利用率）

地力差减法公式。肥料需要量＝（目标产量－空白产量）×单位

产量吸收量/（肥料中养分量×肥料利用率）

③田间试验配方法。该方法为先进行田间小区试验，然后确定各种元素的施用量。包括肥料效应函数法、养分丰缺指标法和氮磷钾比例法。

目前常用的是目标产量配方法和地力分级法。目标产量配方法技术含量高，算出的施肥量比较切合实际，但有些参数不易获得；地力分级法操作简便，但没有考虑土壤养分，显得有些粗放。各地可根据具体情况参考选用。

提　示　板

大量元素不仅是植物体的组成成分，还参与植物体内的重要代谢。所以当某种元素缺失时，草莓的生长发育就会受阻，产量、品质下降。在生产中要及时满足各种大量元素的供给。但施肥量也不能过大，某种肥料过多也会产生毒负作用。确定施肥量可参考下面公式：

$$\text{施肥量}=\frac{\text{作物携出养分量}-\text{土壤可提供养分量}}{\text{肥料养分含量}\times\text{所施肥料养分利用率}}$$

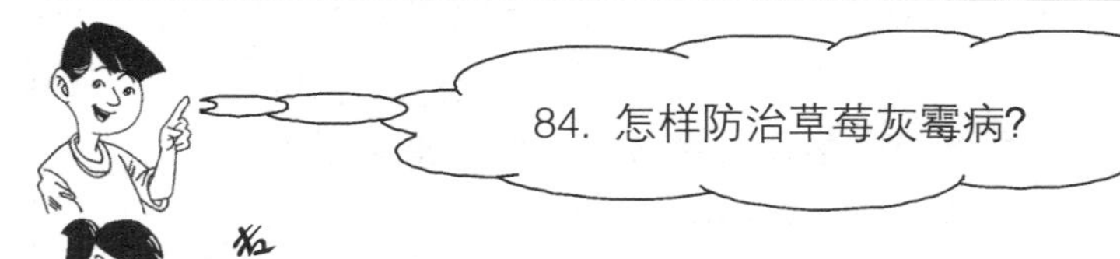

84. 怎样防治草莓灰霉病?

专家解答

灰霉病是草莓常见的一种病害，分布广泛，危害严重。棚室生产草莓，由于湿度大，发病概率更高。灰霉病的病原为真菌，发病早期可感染叶柄、叶片、花蕾、花朵和果梗，叶和果梗发病部位产生褐色水渍状斑。浆果成熟期，危害症状非常明显。受侵染的浆果初期出现油渍状浅色小斑点，然后扩大到整个果实，果肉变软，表面密生灰色霉状物。未成熟的果实感染初期产生淡褐色干枯病斑，后期呈干腐状。叶片及匍匐茎感染后，初期出现暗黑色病斑，严重时干枯死亡。该病在气温20℃左右，湿度较大的情况下易发病；在空气干燥，气温31℃以上或2℃以下的高温和低温条件下发病较轻。灰霉菌孢子从健全组织侵入的能力较弱，多从伤口或枯死的部位侵入。

防治措施：

(1) 改善通风透光条件　合理密植；经常去除老叶、枯叶；防止氮肥过量造成秧苗枝叶郁闭。

(2) 减少病菌来源　在定植前要对土壤消毒；生长过程中要及时清除烂果和落果。

(3) 降低湿度　采取高垄、地膜覆盖方法降低棚室内湿度；用滴灌或膜下灌溉技术控制水分过量；及时排除田间积水。

(4) 药物防治　从草莓现蕾至开花要喷药保护，使用的药剂有甲基托布津500～1 000倍液，波尔多液200倍液，多菌灵1 000倍液。当初见发病可用药物治疗，常用的药物有50%速克灵可湿性粉剂1 500倍液，50%扑海因可湿性粉剂1 500倍液，50%农利灵可湿性粉剂1 000倍液，60%防霉宝超微粒粉剂600倍液。也可用沈阳农业大学研制的烟剂2号或灰霉净烟剂熏烟，每667米^{2}用量350克。

提　示　板

灰霉病是草莓重要病害，发病重的年份产量损失可达50%以上。在草莓棚室生产中，在定植前要清除枯枝烂叶与杂草，并对土壤消毒，消除传染源。在生长季节里，通过通风降低湿度，消除病菌生存条件。现蕾至开花期喷施保护性杀菌剂进行防控。发病时选择高效低毒的杀菌剂防治。

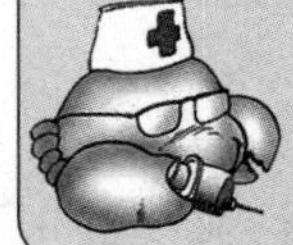

85. 怎样防治草莓白粉病?

白粉病是草莓常见病害。保护地栽培由于温度与湿度适合发病要求，所以较露地栽培发病严重。白粉病属于真菌病害，病菌随病株、病叶等残存于土壤中越冬，病菌孢子主要靠空气传播。在15～25℃的条件下繁殖蔓延最快。高温、干燥环境不易发病。白粉病主要危害叶片，也可侵害叶柄、花、花梗及果实。叶片被侵害初期发生大小不等的暗斑，不久叶背面产生薄霜似的白色粉状物，后期呈红褐色病斑，叶片卷缩、枯黄。幼果受害，果面上覆盖白色粉状物，果实停止发育，失去商品价值。受害严重时整个植株死亡。

防治措施：

（1）减少病菌来源 定植前清扫园地，烧毁腐烂枝叶，深翻晾晒土壤。

（2）改善通风透光条件 控制氮肥用量，防止茎叶生长过密。经常摘除老叶与枯叶，保证株间通风。

（3）改善湿度条件 在棚室生产中要通过通风降低湿度，覆盖地膜防止水汽蒸发。露地栽培雨后及时排水。

（4）药剂防治 在发病初期，喷施浓度为0.2～0.3波美度的石硫合剂，每隔10天喷施一次；或用70%甲基托布津1 000倍液喷施叶片。防治白粉病也可用47%加瑞农可湿性粉剂600倍液，或20%农抗401水剂200倍液，或50%硫黄悬浮剂250～300倍液，或30%特富灵可湿性粉剂1 500～2 000倍液。也可用沈阳农业大学研制的烟剂6号，每667米^{2}350克进行熏烟。

提　示　板

白粉病主要通过预防来控制。定植前通过清园、晾晒土壤、土壤消毒等消除菌源。在栽植时用甲基托布津等药剂对秧苗消毒，提高秧苗的自身抗病能力。生长期在天气好的情况下棚室要进行通风，改变白粉病病菌的生存条件。膜下滴灌能有效地降低棚室湿度，对防治白粉病也能起到积极的作用。

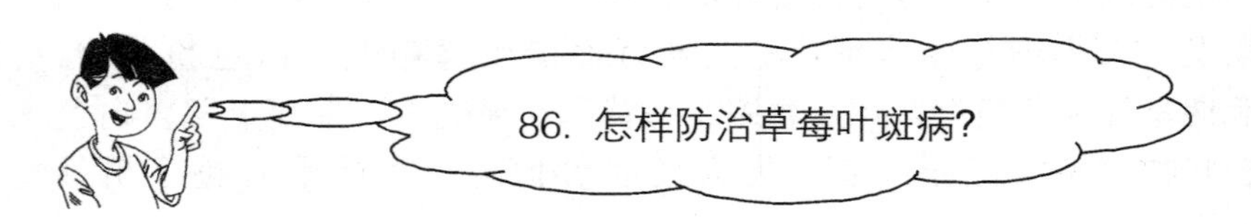

叶斑病又称蛇眼病，属于真菌性病害。叶斑病主要危害叶片，也可危害匍匐茎、花萼和果柄。发病初期，叶片出现淡红色或紫色不规则的小斑点，以后逐渐扩大到5～6毫米似蛇眼形的病斑，周围为紫褐色，中心为灰色。严重时叶片变褐、干枯。此病从春到秋均有发生，但主要发生在夏、秋高温高湿季节。叶斑病病原菌在枯枝、落叶上越冬，第二年产生孢子，借助空气传播。植株弱，氮肥多，高温高湿是发病条件。

防治措施：

(1) 消灭病原菌　对于发病的园地在采收完成后，拔出全部植株，清理残枝落叶，然后深翻晾晒土壤。

(2) 控制秧苗徒长　在生长季节里合理施氮肥，防止氮肥过量造成秧苗生长过盛。

(3) 调控好棚室内湿度　选择温暖无风天气经常给棚室通风，降低湿度。

（4）药剂防治 开花前喷施波尔多液进行预防，每隔 7～10 天喷施1 次，连喷 2～3 次。发病后喷 70％甲基托布津可湿性粉剂1 000倍液，或 75％百菌清可湿性粉剂 500 倍液，或 50％多菌灵1 000倍液。

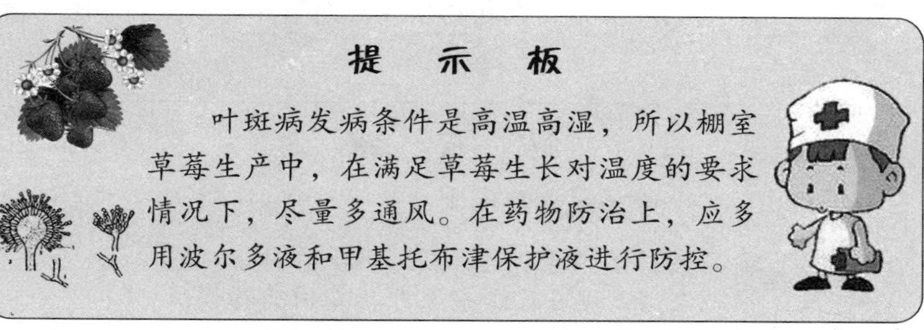

芽枯病又叫立枯病，属于真菌性病害。在我国草莓产区普遍发生。主要侵害草莓的花蕾、芽、幼叶与成叶、果梗、新茎等部位。感病后的花蕾、芽与幼叶出现青枯，接着变成黑褐色而枯死。芽枯部位有蛛网状白色霉状物，或有淡黄色丝络形成。感染芽枯病的叶不易展开，叶片小，叶柄和托叶带有红色，然后茎叶基部开始变褐。芽枯病病菌在土壤和病株的茎叶上越冬。发病适宜温度为 22～25℃，高湿多肥的栽培条件易导致发病。栽植密度大，通风透光差发病严重。

防治措施：

（1）避免重茬 发病地块应进行轮作倒茬。没有发病的园地也应进行土壤消毒。

（2）保证通风透光 栽植密度不易过大；少施氮肥防止徒长；及

时摘除靠近地面的老叶。

(3) 排水降湿 棚室栽培要经常通风换气降低空气湿度。露地栽培降雨后及时排除积水，降低田间湿度，防止水淹。

(4) 药剂防治 从现蕾期开始，每隔 10 天喷施 1 次敌菌丹600～800 倍液，连续喷 5～6 次。或用多氧霉素1 000倍液，每周喷施 1 次，连喷 3～5 次。也可用其他抗菌药物从现蕾期至开花期每周喷施 1 次，连喷 2～3 次。

提 示 板

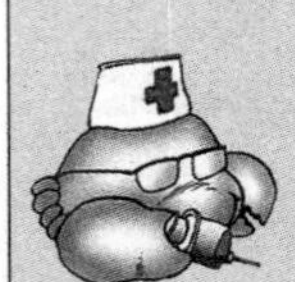

芽枯病在草莓生产中比较好控制，如果不重茬，秧苗不郁闭，一般发病较轻。为了预防发病，可在现蕾期至开花期用药物预防，常用的药物有敌菌丹、多氧霉素。

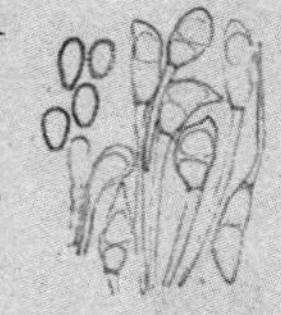

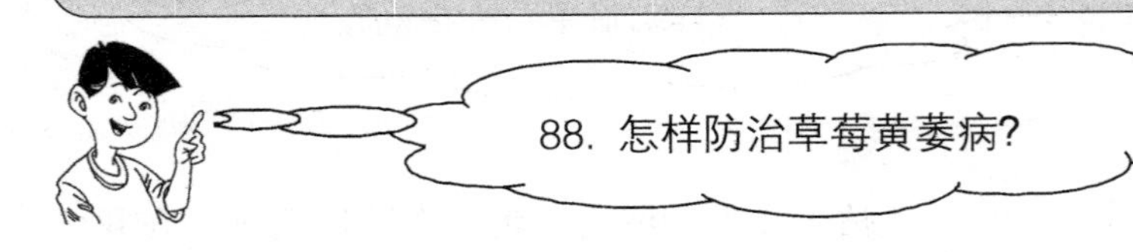

88. 怎样防治草莓黄萎病?

黄萎病又称叶枯病，属于真菌性病害。它是一种常见的草莓病害，保护地中草莓重茬，再加上土壤管理粗放，该病发生严重。黄萎病多发生在匍匐茎抽生期，子苗极易感染。感病的幼苗新叶变黄，叶片变小，并扭曲成舟形。草莓三出复叶往往从下部 2 片叶中的某一片叶先变成畸形，畸形叶多发生在植株一侧。发病植株生育不良，失去活力；下部叶变褐逐渐枯死；根部出现黑褐色，甚至腐烂，但中心柱不变色。发病适宜温度为 25～30℃，最低界限温度为 5～12℃，最高界限温度为 32～36℃。病原菌以后垣孢子在土壤中的被害残株体上存留，当草莓定植后，后垣孢子发芽，菌丝侵入根组织中进行繁殖，形成小型分生孢子，在导管中移动与增殖，堵塞导管，使草莓茎叶出现病害。当草莓进行连作、土壤过干过湿都会加重病情。

防治措施：

（1）选用抗病品种 草莓品种中丰香、杜克拉、戈雷拉较耐黄萎病。

（2）避免连作 实行一年一栽的栽培制度。土地进行轮作倒茬，但倒茬的前期作物不应为茄科类作物。

（3）消灭病原菌 用40%甲醛喷洒土壤，或在棚室内点燃硫黄粉熏蒸，对土壤进行消毒。深翻晾晒土壤，用太阳光照射杀死土壤中病菌。

（4）药剂防治 用0.2%的苯菌灵滴灌土壤。

提 示 板

草莓黄萎病在7～9月份的苗圃地、假植圃与生产园的结果期发生较重。病菌主要靠土壤和秧苗传播。防治时以轮作倒茬和土壤消毒为主；发现病害用0.2%的苯菌灵滴灌根部土壤。

病毒病是草莓生产上普遍存在危害较重的一种病害。无性繁殖是病毒的重要传播途径。草莓的主要病毒有草莓皱缩病毒、草莓轻型黄边病毒、草莓镶脉病毒和草莓斑驳病毒。草莓的病毒病具有潜伏侵染的特性和复合侵染的特性。单一病毒侵染不表现症状，只有两种以上病毒混合侵染时才表现症状。感病植株通常表现为长势衰弱，株型矮化，叶片不能伸展，叶片失绿，果实变小，产量下降，匍匐茎繁殖系数低等症状。病毒病主要通过种苗、土壤、刺吸式口器昆虫传播。植株一旦感染病毒，不需要任何发病条件，就能全株发病，并且还能传给下一代。目前还没有根治病毒病的特效药物，生产上以预防为主。

防治措施：

（1）培育和使用无病毒秧苗 使用无病毒秧苗是防治病毒病的根本措施。生产上应尽量使用脱毒处理的无病毒苗木，减少发病概率。

（2）消除病源 发现病株及时铲除并销毁感病植株。

（3）控制传播途径 蚜虫是传播病毒的主要媒介，防治蚜虫是防止病毒传播的重要措施。根据银色光具有趋避蚜虫的特点，可用银色聚乙烯薄膜覆盖草莓；或用5%菌毒清300倍液加50%抗蚜威乳剂2 000倍液防蚜控病；也可在蚜虫活动的高峰期喷施速灭杀丁与马拉松混合剂来灭杀蚜虫，每隔7～10天喷1次。

（4）高温消毒 在夏季高温季节，关闭棚室所有通风口，使棚室内温度在中午达到60℃以上，在这样高温条件下维持7～10天，可杀死土壤中的有害病毒。

提　示　板

病毒病防治在目前还没有针对性药物，只能通过预防来控制。根据病毒传播特点采取的措施有：定植前用硫黄粉熏烟或提高棚室温度进行消毒。有条件地区采用组织培养秧苗生产；覆盖防虫网防止刺吸式口器昆虫传播病毒；发现病株立即拔除销毁。

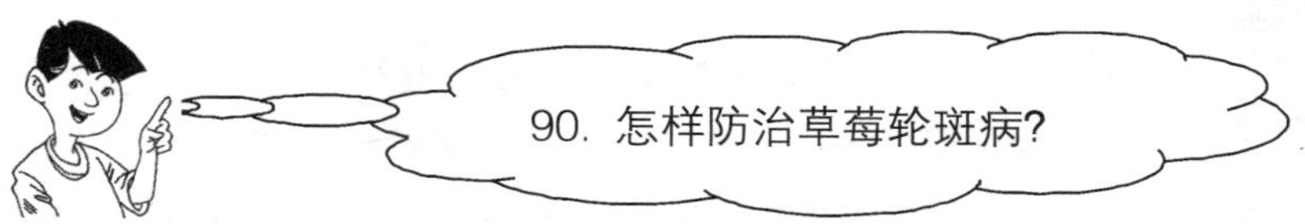

90. 怎样防治草莓轮斑病?

轮斑病是草莓的重要病害，属于真菌性病害。病菌主要危害叶片，叶柄和匍匐茎也有发生。开始时，叶面上产生紫红色圆形小斑，逐渐扩展成椭圆形或菱形，沿叶脉构成V形病斑。病斑扩大后中心部分呈深褐色坏死，周围有清晰轮纹，枯死叶上有黑色孢子堆颗粒，严重时病斑连成一片，叶片大量枯死。发生在叶柄或匍匐茎上的斑点，略微凹陷，呈椭圆形。发病严重时，植株整个死亡。

轮斑病主要发生在育苗期，发病适宜温度为28～30℃，属于高温病害。病菌在叶柄上越冬，借助空气传播。

防治措施：

（1）培育壮苗 秧苗长势弱易发病，所以应及时施肥、灌水，培育健壮秧苗。

（2）消灭菌源 定植前清理园地；生长期摘除感病的叶片与匍匐茎，集中销毁。

（3）调控温湿度 轮斑病高温高湿发病重，注意棚室放风。

（4）药剂防治 可喷400～600倍液的代森锰锌2～3次，或喷70%甲基托布津1 000倍液，或喷50%多菌灵1000倍液，或喷敌菌丹800倍液。

提　示　板

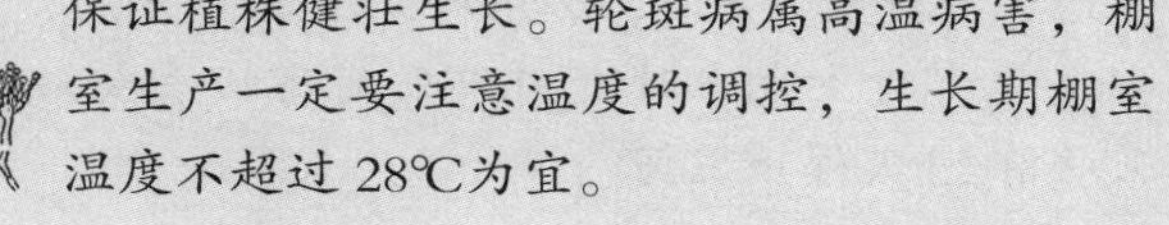

轮斑病在干旱时，或植株较弱的情况下发病严重，所以应加强生长时期的肥水管理，保证植株健壮生长。轮斑病属高温病害，棚室生产一定要注意温度的调控，生长期棚室温度不超过28℃为宜。

91. 怎样防治草莓蚜虫?

蚜虫俗称腻虫，是刺吸式口器害虫。在保护地栽培中全年均有发生，尤其在干旱的初夏和初秋危害最为严重。蚜虫体形小，体长1～2毫米，体色为绿色。在草莓保护地栽培中，蚜虫是以成虫在草莓的茎和老叶上越冬或继续繁殖危害。蚜虫危害草莓时，多群居在心叶、叶柄、叶背等部位，以刺吸式口器吸取草莓植株的汁液。吸食处形成褪绿点，叶片卷缩，扭曲变形，植株生长衰弱。更严重的是它能传播病毒，只要吸食过感染病毒的植株，再迁飞到正常植株上吸食，即可把病毒传播到正常植株上，使病毒扩散，造成更大危害。蚜虫繁殖力极强，1头成虫可以繁殖20～30头幼虫，在保护地中一年可繁殖20代。

防治措施：

(1) 减少虫源 摘除并销毁老叶；结合中耕清除田间杂草。

(2) 创设不利于蚜虫繁殖条件 蚜虫在高温干旱条件下繁殖快，在棚室生产中满足水分供应，防止发生干旱。

(3) 药剂防治 蚜虫发生期用50%抗蚜威3 000倍液，或蚜克1 000～1 200倍液，或来福灵2 500倍液喷雾防治。也可选用苦参碱、云菊等药剂防治。

各种药剂交替使用，防止蚜虫产生抗药性。采收前15天禁止使用药物。

提 示 板

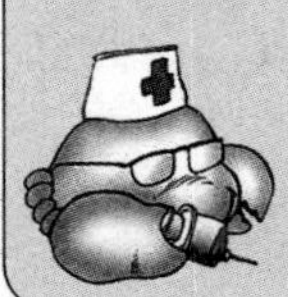

草莓采摘后拔掉秧苗集中处理，清除草莓园周边杂草，净化环境，消灭蚜虫卵。棚室通风口覆盖防虫网，防止蚜虫迁徙到棚内。当发现有蚜虫危害时，用内吸剂药物杀虫，采收前15天停止用药。

92. 怎样防治草莓红蜘蛛?

名家解答

红蜘蛛是草莓的重要害虫，对草莓生产危害十分严重。红蜘蛛为刺吸式口器，喜欢在未展开的幼叶或成叶叶背面上吸取汁液。被害部位最初出现白色小斑点，后变成红斑，严重时叶片呈锈色，如同被火烤过，被害叶片皱缩卷起或枯黄死掉，使植株皱缩矮化，新叶停止生长，果实变小。红蜘蛛在高温干燥气候条件下繁殖极快，1 年内可繁殖 10 代以上。成虫无翅膀，靠风、雨、人为活动等途径传播扩散。

防治措施：

(1) 减少虫源 红蜘蛛以植株下部老叶寄生，及时摘除老叶与枯叶能有效控制红蜘蛛密度。

(2) 保证水分供应 在匍匐茎大量发生期，适量灌水，避免土壤干旱。

(3) 药剂防治 棚室栽培在开始保温时，喷施 0.2～0.3 波美度的石硫合剂。当发现有红蜘蛛时，喷 1.8％爱福丁3 000倍液，或75％克螨特3 000倍液，或在坐果后喷 20％增效杀灭菊酯 500～800 倍液。采果前 15 天停止用药。

提 示 板

红蜘蛛喜欢干燥环境，针对这一特点及时摘除基部含水量少的老叶，栽培上适度灌水避免土壤干旱。药物防治上，在没有发现红蜘蛛前用 0.2～0.3 波美度石硫合剂进行预防；发现危害时，使用高效、低毒的杀螨类化学药剂杀虫。采收前 15 天停止用药。

93. 怎样防治草莓芽线虫?

草莓芽线虫寄生在草莓植株的芽上，故称芽线虫。草莓芽线虫体型小，体长不足 1 毫米，体宽 0.2 毫米左右。主要危害草莓的芽部，在草莓各个生长期都有发生。受害轻者，新叶扭曲畸形，叶色变淡，但光泽增加，茎叶生长不良。受害重者，芽和叶柄变成黄色或红色，可以见到所谓的“草莓红芽”症状，植株萎蔫。被芽线虫危害的植株与正常植株相比，芽的数量明显增多。危害花芽时，使花蕾、萼片、花瓣变为畸形，严重时花芽退化消失，产量降低。

防治措施：

(1) 清除病株　芽线虫传播主要靠母株发出的匍匐茎传播，发现病株应及时连同匍匐茎一起拔出，集中销毁，消灭传染源。

(2) 热处理秧苗　定植前将秧苗放在 35℃温水中预处理 10 分钟，然后放入 45℃的热水中浸泡 10 分钟，晾凉后定植。

(3) 药剂防治　在花芽分化期用敌百虫 500～600 倍液，每隔7～10 天喷 1 次，连喷 3～4 次。采收前 15 天停止用药。

提　示　板

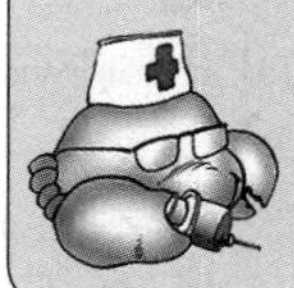

芽线虫防治根本措施就是消灭传染源，所以不使用发病苗圃的秧苗。为了预防传播，可用热处理方法杀死线虫。药物防治可用敌百虫。采收前 15 天停止用药。

94. 怎样防治草莓根腐线虫?

草莓根腐线虫寄生于草莓根内，是一种细纺锤形的小虫，体长仅有0.3～0.5毫米，一般肉眼看不见，只有借助放大镜才能看到。由于线虫寄生在根内，降低根系吸收能力，导致植株生长衰弱，影响产量和品质。从外部观察，被草莓根腐线虫危害的植株矮小，发育不良，根系数量不正常增多。成虫主要在土壤中存活，重茬园遭受危害严重。传播途径主要是土壤传播和秧苗传播。

防治措施：

（1）轮作倒茬 种植2～3年草莓后要改种其他作物，但不能种植瓜类、葡萄等草莓根腐线虫同样寄主的植物。

（2）销毁病株 发现病株及时挖出，并运到园外集中销毁。

（3）土壤消毒 用硫黄粉或甲醛进行熏蒸。

提 示 板

草莓根腐线虫体型小，并寄生在根部，只能通过地上部秧苗表现来判断危害与否。一经发现，秧苗就已经遭受危害，所以预防尤为重要。预防的方法有轮作倒茬和土壤消毒。当发现有病株时应及时拔除销毁，对病株周围的植株用200倍液的敌百虫灌根。

草莓的地下害虫有蛴螬、蝼蛄、小地老虎等。害虫主要以咬断根茎，致使植株凋萎死亡为主。

蛴螬属于鞘翅目，金龟子科，是大黑金龟子幼虫，主要形态特征是头部为黄色，圆筒形身体，头尾较粗，身体稍细，常常弯曲成“C”字状，全身为乳白色，密被棕褐色细毛，每个体节多褶皱，有 3 对胸足。蛴螬喜欢生活在含有大量有机质且潮湿的土壤中，成虫喜欢在厩肥上产卵，所以厩肥过多的地块发生严重。

蝼蛄又名土狗、拉拉蛄。属直翅目，蝼蛄科。是重要的地下害虫，对草莓的根系、根茎以及贴近于地面上的浆果均有危害。成虫或若虫在冻土层以下越冬，翌年 4 月随地温上升开始活动，5 月中下旬至 6 月中旬活动达到高峰。在有机质多、土壤潮湿的环境条件下发生比较严重。

小地老虎俗称地蚕、切根虫。属鳞翅目，夜蛾科。以幼虫咬食幼苗的茎危害为主，茎硬化后也能咬食生长点，使被害植株不能正常生长发育，以至枯死。成虫对黑光灯有较强趋性，对糖、酒、醋趋性更强。

防治措施：

(1) 药饵诱杀　用 90％敌百虫与玉米面配成药饵。其方法是先将玉米面炒香，然后用水把敌百虫化开，再把敌百虫溶液倒入玉米面中拌匀，于傍晚时撒在草莓园的垄面上可诱杀蝼蛄。一般每 667 米^2 用 90％敌百虫 150 克，玉米面 5 千克。

(2) 糖醋液诱杀　用红糖、酒、醋、水按 6∶1∶3∶10 的比例配制糖醋液，加上少许 90％晶体敌百虫，把盛有糖醋液的器皿放在离地面1米的高架上，白天加盖，夜晚揭开，可诱杀小地老虎成虫。

（3）人工捕杀 发现植株被害，在附近表土层中将害虫挖出杀死。

（4）物理防治 利用蝼蛄的趋光性强的特性，可以采用黑光灯进行诱杀。

（5）药剂防治 生育期间发现地下害虫用90%晶体敌百虫1 000倍液灌根，或用50%辛硫磷乳油1 000倍液灌根。每株用量200毫升左右。

提 示 板

地下害虫一般在厩肥多的地块发生严重，所以使用厩肥一定要充分腐熟，或者在厩肥腐熟过程中加入敌百虫进行杀虫。

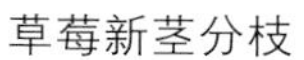

草莓新茎分枝

草莓根状茎与新茎

草莓全株

定植后

缓苗后

缓苗后灌水

草莓地膜覆盖栽培

去掉老叶前

去老叶后草莓

去老叶后单株

草莓开花期

花果量适中

花果量过大

秧苗质量差异

草莓坐果后

一级序果成熟

草莓二级序果成熟

成熟期草莓

草莓全部采收后

草莓灰霉病

草莓多次结果

草莓园杂草